T0209110

A chi mi vuole bene
Anch'io voglio bene a loro

Roberto Lucchetti

Passione per Trilli

Alcune idee
dalla matematica

 Springer

Roberto Lucchetti
Politecnico di Milano

ISBN 978-88-470-0628-7

Springer-Verlag fa parte di Springer Science+Business Media
springer.com
© Springer-Verlag Italia, Milano 2007

Quest'opera è protetta dalla legge sul diritto d'autore. Tutti i diritti, in particolare quelli relativi alla traduzione, alla ristampa, all'uso di figure e tabelle, alla citazione orale, alla trasmissione radiofonica o televisiva, alla riproduzione su microfilm o in database, alla diversa riproduzione in qualsiasi altra forma (stampa o elettronica) rimangono riservati anche nel caso di utilizzo parziale. Una riproduzione di quest'opera, oppure di parte di questa, è anche nel caso specifico solo ammessa nei limiti stabiliti dalla legge sul diritto d'autore, ed è soggetta all'autorizzazione dell'Editore. La violazione delle norme comporta le sanzioni previste dalla legge.

L'utilizzo in questa pubblicazione di denominazioni generiche, nomi commerciali, marchi registrati, ecc. anche se non specificatamente identificati, non implica che tali denominazioni o marchi non siano protetti dalle relative leggi e regolamenti.

L'editore è a disposizione degli aventi diritto per quanto riguarda le fonti iconografiche che non è riuscito a contattare.

Collana a cura di: Marina Forlizzi

Redazione: Barbara Amorese
Consulenza tecnica: Gianluigi Rozza
Progetto grafico della copertina: Simona Colombo, Milano
Disegni intermezzi 1, 3, 5: Geraldine D'Alessandris
Stampato in Italia: Signum Srl, Bollate (Milano)

Finito di stampare nel mese di marzo 2007

Prefazione

Se si chiede a qualcuno che ricordo ha di una pagina del libro di matematica delle scuole secondarie superiori, è possibile che gli venga in mente che potesse contenere una formula questa:

$$\frac{\sqrt{1+\sqrt{1+x^2}}}{\sqrt{1-\sqrt{1-x^2}}} = \frac{\frac{\sqrt{1+\sqrt{1+x^{\cdot}}}}{\sqrt{1+\sqrt{x^{\cdot}+x^{\cdot}}}}}{\frac{\sqrt[\cdot]{a^{\cdot}-bx^{\cdot}}}{d^{\cdot}-\sqrt{x+\sqrt{x+1}}}}$$

Naturalmente, chiunque capisce che me la sono inventata, anche se non è poi così inverosimile. Se poi la stessa persona ha visto, per qualche motivo, un libro di matematica per specialisti, od un lavoro pubblicato in una rivista matematica, potrebbe averne un ricordo di questo tipo:

Therefore, for every $t \in [0, T(x)[$, we have

$$d(\eta(x,t), x) \leq t\,,$$

$$f(\eta(x,t)) \in f(x) - \left(\inf_{0 \leq s \leq t} \sigma(\eta(x,s)) \right) t P_0 - P\,.$$

Now assume that $0 < T(x) < +\infty$. If $\tau_{h-1}(x) \le t_1 \le \tau_h(x) \le t_2 \le \tau_{h+1}(x)$, we have

$$d(\eta(x,t_2),\eta(x,t_1)) \le d(\eta(x,t_2),\eta(x,\tau_h(x)))+$$

$$+d(\eta(x,\tau_h(x)),\eta(x,\tau_{h-1}(x))) + d(\eta(x,\tau_{h-1}(x)),\eta(x,t_1)) \le$$

$$\le t_2 - \tau_h(x) + \tau_h(x) - \tau_{h-1}(x) + t_1 - \tau_{h-1}(x) \le 2(T(x) - \tau_{h-1}(x)).$$

The same conclusion holds if $\tau_{h-1}(x) \le t_1 \le \tau_h(x) \le \tau_j(x) \le t_2 \le \tau_{j+1}(x)$. It follows

$$\forall t_1, t_2 \in [\tau_h(x), T(x)[: \quad d(\eta(x,t_2),\eta(x,t_1)) \le 2(T(x) - \tau_h(x)).$$

Since $T(x) < +\infty$, this implies that $\eta(x,\cdot)$ is a Cauchy function as $t \to T(x)$.

Finally, let $0 < T(x) < +\infty$ and assume there exists $\overline{x} := \lim_{t \to T(x)} \eta(x,t)$. Since

$$\tau_1(\eta(x,\tau_h(x))) = \tau_1(\eta_h(x,\tau_h(x))) = \tau_{h+1}(x) - \tau_h(x),$$

we have $\tau_1(\overline{x}) = 0$. It follows $|d_P. f|(\overline{x}) = 0$.

Questo pezzo, tra l'altro, è autentico, e chiedo naturalmente scusa ai miei due coautori per aver usato una pagina di un nostro lavoro, pubblicato per tutt'altri scopi...

Quanto alle formule, si può far di meglio, almeno dal punto di vista estetico. Ad esempio, le prossime mi sembrano accattivanti, e poi trattano dell'esistenza di Dio, un argomento mica da poco... Non sto scherzando, e l'ideatore di questa cosa è considerato, a giudizio unanime, un genio assoluto. Ma di questo signore parleremo diffusamente più avanti. Queste righe trattano di proprietà che dovrebbero essere peculiari di Dio:

$$P(\phi) \cdot P(\psi) \supset P(\phi \cdot \psi)$$

$$P(\phi) \supset NP(\phi),$$

$$\sim P(\phi) \supset \sim NP(\phi).$$

Ed ecco la *definizione* di Dio.

$$G(x) \equiv (\phi)[P(\phi) \supset \phi(x)].$$

A parte gli scherzi, alcune formule sono proprio belle, guardate ad esempio questa:

$$e^{i\pi} + 1 = 0,$$

che penso sia, a parere di qualsiasi matematico, una delle più straordinarie che siano mai state scritte. Il guaio è che in genere i matematici tendono a tenere le belle formule un po' nascoste. Magari non quella qui sopra, che al contrario è famosa e ben pubblicizzata. Ma l'errore più grave che noi insegnanti di matematica facciamo è quello di enfatizzare l'aspetto del calcolo, di dare troppa importanza alle regole e ai tecnicismi, trascurando il fatto che regole e tecniche nascono da esigenze pratiche, e hanno dietro idee e inventiva. Il risultato è che la maggior parte delle persone, che ha studiato la matematica nella scuola secondaria e poi non apre mai più un libro che ne parli, a meno che non lo debba fare, con una certa angoscia, per aiutare i figli, è per sempre convinta che la matematica sia (soltanto) una serie di simboli che solo gli addetti ai lavori sanno comprendere*. Penso non sia facile analizzare le ragioni per le quali non sembriamo avere troppo interesse a fare capire agli altri che ciò che facciamo, studiamo, cerchiamo non si limita ad essere una serie di simboli esoterici; una possibile prima spiegazione, ma che capisco essere abbastanza ingenua, è che ci piace l'idea di sembrare un po' misteriosi e distanti, di fare cose che solo noi possiamo capire, come fossimo una setta con un linguaggio segreto. È noto che ciò che è misterioso fa un po' paura e attrae nello stesso tempo.

Vorrei che fosse ben chiaro che non critico nessuno, anzi devo dire che la mia ammirazione per il lavoro svolto dai professori è tanta, ed aumenta col diminuire dell'età dei discenti. E comunque il problema è sempre a monte: tendenzialmente si insegna quel che si è imparato, quindi semmai il primo anello di una catena non virtuosa è l'insegnamento universitario.

---

* A volte un matematico non capisce nemmeno se stesso: mi è successo, e so che è successo ad altri, di "inventare" delle formule, di pubblicarle, di dover riprendere mesi dopo il lavoro e di passare attimi di angoscia pura perché non riuscivo a capire che cosa avessi scritto e perché l'avessi scritto.

Le mie considerazioni nascono soprattutto dal fatto di aver visto i miei figli, i loro amici, tanti e tanti ragazzi e ragazze che subiscono la matematica con rassegnazione, oppure che si ribellano ad essa e a chi la insegna. Ho visto troppi ragazzi intelligenti ma disarmati di fronte a un testo di matematica; un rifiuto totale, un'alienazione completa. La matematica vissuta come un guazzabuglio di cose senza senso, un insieme di formule che a qualcuno, ai docenti della materia, dicono qualcosa, agli altri procurano solo disgusto. So benissimo che ci sono delle eccezioni. Ci sono quelli che *apprezzano* il contenuto puramente algebrico della matematica. Lo capiscono senza troppe difficoltà, senza eccessiva fatica, senza troppe spiegazioni. Uno dei miei figli è così, e vedo che con lui è meglio *non* dilungarsi nelle spiegazioni, perché rischio di turbare un meccanismo di apprendimento che per me rimane misterioso.

Queste sono eccezioni e non si può imporre alla maggioranza di essere così. Non ho ricette da proporre, perché sono convinto che la matematica sia una cosa difficile da spiegare e difficile da capire. Quando mi capita di fare delle conferenze nelle scuole, so di ingannare i ragazzi che ascoltano se alla fine hanno la faccia sorridente e l'aria di dirmi, *la matematica così è tutt'altra cosa!* Facile essere accattivanti in un'ora di conferenza, magari anche in un minicorso, soprattutto se scegli gli argomenti giusti[†]. Ma quando devi entrare un po' nei dettagli, le cose si complicano, e nessuno ha la ricetta per renderle semplici.

Però si potrebbe fare lo sforzo, anzi è necessario fare uno sforzo, per convincere gli altri che la matematica è anche questo, ma non solo questo. Nella matematica c'è il calcolo, che ne rappresenta una parte essenziale. Ma il calcolo, senza idee dietro, non va da nessuna parte, non è nulla, diventa un delirio.

La matematica è soprattutto *idee*. Tra l'altro, molte di queste idee sono stupende. Possono dare, se opportunamente illustrate, uno spunto di riflessione, mille altre idee alla filosofia, alla vita di tutti i giorni, alla politica...

Mi prendo una pausa, per illustrare uno degli esempi che preferisco.

[†] Altri argomenti, al contrario, mi sembrano noiosi in maniera disperante.

A volte, è interessante dimostrare l'esistenza di un oggetto particolare, ad esempio il minimo di una funzione, definita su un insieme che non ha un numero finito di elementi. Vediamo un esempio molto famoso. Supponiamo di avere un oggetto che sta su un piano verticale, in un punto a, e che deve raggiungere un punto b, a quota più bassa, sospinto dalla forza di gravità. Qual è la curva congiungente a e b, che permette all'oggetto di raggiungere b *nel più breve tempo possibile?* Si chiama problema della *brachistocrona*, ed è abbastanza chiaro che la risposta *non* è il segmento che congiunge i due punti. Che è la via più breve, ma non la più veloce: l'intuizione ci fa capire che conviene farlo viaggiare su una curva che inizialmente ha tangente verticale, così prende subito più velocità. Pare che Galileo abbia dato la risposta sbagliata alla questione, suggerendo una parte di circonferenza. Devo farla breve, magari racconterò tutta la storia un'altra volta, sta di fatto che il quesito è stato proposto 310 anni fa in un concorso, che risposero varie personalità di un certo calibro, tra cui i fratelli Bernoulli, Leibniz, e un certo Newton (che ha mandato la risposta anonima!), e che tutti trovarono la risposta giusta. Naturalmente, la loro dimostrazione era elementare[‡] e si basava su idee puramente geometriche. Nella figura che vedete, c'è un esempio di brachistocrona, che è conservata nel Museo di storia della scienza di Firenze.

La brachistocrona

[‡] Elementare non significa affatto banale, significa che usa strumenti semplici, che possono essere allo stesso tempo molto ingegnosi.

Ma per problemi più complicati l'approccio geometrico non funziona più. D'altra parte, come ha detto un matematico molto famoso, ogni fenomeno in natura obbedisce a una regola di massimo o di minimo. Pertanto molti problemi interessanti possono essere affrontati e risolti se si mostra che esiste il minimo di un certo funzionale. Stabilire l'esistenza del minimo per classi ragionevolmente ampie di funzionali non è cosa semplice: come ha fatto vedere il problema appena descritto, lo spazio dove si deve cercare la soluzione è uno spazio di *curve*, quindi in genere infinito dimensionale.

La matematica ha inventato dei teoremi astratti che dicono che se una funzione con certe caratteristiche è definita su uno spazio che ha altre caratteristiche, allora esiste il minimo. Le "caratteristiche" di cui ho parlato prima sono proprietà dette topologiche, e sta alla nostra fantasia e bravura trovare gli spazi adatti e le strutture topologiche giuste per poter applicare i teoremi astratti[§]. Una procedura ampiamente utilizzata. oramai standard, che questi strumenti suggeriscono è la seguente[¶]: L'intuizione, ad esempio fisica, suggerisce di cercare la soluzione in uno spazio (ricordo, di solito infinito dimensionale), che per il momento indico con C. Però può succedere che C non abbia le proprietà topologiche che servono. Allora si considera uno spazio più grande, chiamiamolo A, che contiene C ed ha le proprietà topologiche giuste. Nell'insieme A siamo capaci di trovare la soluzione per una famiglia ragionevolmente grande di problemi! E la storia non finisce qui, anzi in molti casi è ora che viene il bello. Perché infatti abbandonare la nostra vecchia intuizione? Ecco che allora, con certe tecniche, possiamo cercare di dimostrare che la soluzione che abbiamo trovato sta davvero nell'insieme di partenza C! Si potrebbe andare avanti parecchio, per illustrare la bellezza ed altre sfaccettature di questa idea straordinaria. Ma quel che ho detto basta a capire che questa è una storia davvero interessante con un messaggio filosofico/psicologico profondo.

Se cerchi delle cose, nei posti dove ti aspetti che siano, spesso non le trovi. Prova ad allargare i tuoi orizzonti, cercale in un

---

[§] La topologia è una *sovrastruttura* che inventiamo noi per ottenere certi risultati, non è una caratteristica insita nel problema.

[¶] La chiamo standard, ma sia ben chiaro che è un'idea assolutamente formidabile.

mondo più vasto. Forse le troverai, e scoprirai che sono dove le cercavi. Ma *senza una visione più ampia*, non le avresti potute trovare.

Ripeto, a me sembra un'idea straordinaria. E personalmente non sarei stato capace di pensare una cosa simile, se non me l'avesse suggerita la matematica.

E allora, perché non far capire anche a chi la matematica non la frequenta tutti i giorni che questa è una disciplina piena di belle idee, che potremmo utilizzare anche nel nostro pensare quotidiano, e che ci può far riflettere sulle cose della vita, esattamente come una bella poesia?

Questo mio libro è nato esattamente con questo scopo: provare a spiegare a qualcuno, che non è addentro alla matematica, ma che ne ha un minimo di curiosità, che questo è un mondo pieno di idee. Ho incluso paragrafi che contengono un certo numero di definizioni, esempi e risultati sotto forma di proposizioni. Che sono quindi un po' più pesanti da leggere di quelli completamente discorsivi. Ma sono convinto, ed è la sfida che mi sono posto accingendomi a scrivere questo libro, che anche chi non ha familiarità con le formule, può, senza lasciarsi spaventare, limitarsi a *guardarle*, e contemporaneamente concentrarsi e fare un piccolo sforzo per capire i concetti. Che cerco sempre di spiegare il più chiaramente possibile, perché penso che tutte le idee che ho voluto raccontare possano essere spiegate e capite anche senza entrare nel dettaglio matematico.

Se qualcuno, leggendo questo mio libro, scoprisse che è vero che la matematica offre l'occasione di *pensare*, e che i tecnicismi possono essere superati per arrivare alle vere idee, allora avrò raggiunto lo scopo.

Con gli anni, sono diventato ottimista: sono certo che quel qualcuno esiste.

Ogni introduzione finisce con qualche ringraziamento, a meno che uno non li metta in fondo, cosa che non intendo fare. In realtà, non voglio neanche mettermi a ringraziare qualcuno, perché dovrei citare troppe persone. Ma faccio un'eccezione per Geraldine, autrice dei disegni degli intermezzi, Marina e Paola, che hanno direttamente contribuito alla realizzazione del libro.

Indice

Infinito

Sull'infinito si è scritto e detto tanto. Ecco un esempio di frasi, che non ho fatto fatica a trovare in rete:

"Cos'è l'infinito? Pensa all'umana stupidità" (Bertrand Russell)[1];

"Non accontentarti dell'orizzonte, cerca l'infinito" (Jim Morrison);

"Non posso farci niente: mio malgrado, l'infinito mi tormenta" (De Musset).

Il più bello, per me forse rimane questo.

Il concetto di infinito affascina, e non è certo difficile capirne il perché. Noi vediamo e "sperimentiamo" solo il finito, ma la nostra mente è capace di andare al di là, non solo, aspira a qualcosa che trascenda il finito. È quindi naturale che questo concetto compaia ovunque, in filosofia, in letteratura, in psicoanalisi, nelle canzoni, nelle scienze... Anche i matematici, ovviamente, hanno scritto e continuano a scrivere, per lo più molto seriamente, sull'infinito. In questo capitolo vorrei fare anche io qualche considerazione sul tema, sempre con l'idea guida che la matematica può indurre a *pensare* e a far riflettere in maniera un po' diversa anche chi la matematica non la mastica quotidianamente.

Non so se sia un'esperienza solo personale, o piuttosto condivisa da altri, ma già da ragazzo, a volte, mi venivano in mente

---

[1] Qualche anno dopo Einstein ha detto qualcosa di molto simile: che copione!

Sempre caro mi fu quest'ermo colle,
E questa siepe, che da tanta parte
De l'ultimo orizzonte il guardo esclude.
Ma sedendo e mirando, interminato
Spazio di là da quella, e sovrumani
Silenzi, e profondissima quiete
Io nel pensier mi fingo, ove per poco
Il cor non si spaura.. E come il vento
Odo stormir tra queste piante, io quello
Infinito silenzio a questa voce
Vo comparando: e mi sovvien l'eterno,
E le morte stagioni, e la presente
E viva, e 'l suon di lei. Così tra questa
Immensità s'annega il pensier mio:
E 'l naufragar m'è dolce in questo mare.

L'infinito di Leopardi

questioni come: "ma sono di più i numeri pari o tutti i numeri"? Oppure mi chiedevo quale fosse il risultato di una somma del tipo:

$$1 - 1 + 1 - 1 + 1 - 1 + \ldots,$$

dove i puntini stanno ad indicare che voglio sommare infiniti addendi. Un po' più grandicello, la storia di Achille e la tartaruga, che mi è stata raccontata da Zenone di Elea, mi sembrava interes-

sante, forse perché è molto divertente un ragionamento che pare
ineccepibile eppure porta a conclusioni assurde.

Il mio discorso sull'infinito comincia dunque qui, e si concentra
all'inizio sul problema che potremmo definire del *contare*.

L'infinito del contare

L'idea di base è semplicissima: che cosa vuol dire, ad esempio, che
una squadra di basket ha in campo 5 giocatori? Semplicemente
che, se li metto in fila, e comincio a guardarli, per esempio da sinistra verso destra, comincio a "contarli": Allen Iverson è il numero uno, Tracy Mc Grady il numero due, Tim Duncan il numero tre,
Manu Ginobili il numero quattro e un Lucchetti il numero cinque.
Come posso riassumere quel che ho fatto? Ho preso due insiemi,
l'insieme A formato dai giocatori e l'insieme $B = \{1, 2, 3, 4, 5\}$, e li
ho messi *in corrispondenza biunivoca*. In altre parole, sono riuscito
a trovare una legge che porta dall'insieme A all'insieme B, con la
proprietà che a due elementi distinti di A corrispondono elementi distinti di B, e che ogni elemento di B ha un elemento in A
che gli corrisponde. Nel nostro esempio, quando abbiamo contato
i giocatori non abbiamo assegnato a due di essi lo stesso numero,
e abbiamo assegnato tutti i numeri da 1 a 5.

L'esistenza di una legge biunivoca esprime dunque in maniera
chiara l'idea intuitiva che due insiemi abbiano gli stessi elementi.
È vero, può sembrare ridondante, inutilmente complicato e davvero pomposo dire che un mazzo di carte da briscola ha 40 carte
perché lo posso mettere in corrispondenza biunivoca con l'insieme $\{1, \ldots, 40\}$; tuttavia quando si vogliono fare cose un po' più
sofisticate l'utilizzo del concetto di corrispondenza biunivoca ci
permette di capire meglio. Non tanto per quel che riguarda la
trattazione degli insiemi con un numero *finito* di elementi, ma
proprio per quelli infiniti, come adesso vediamo.

Torniamo al primo problema che ho proposto: sono di più
tutti i numeri o i numeri pari? Ora abbiamo gli strumenti per
rispondere, e lo faccio con un'efficace rappresentazione grafica:

$$1 \quad 2 \quad 3 \quad 4 \quad \ldots \quad n$$

$$\updownarrow \quad \updownarrow \quad \updownarrow \quad \updownarrow \quad \cdots \quad \updownarrow$$

$$2 \quad 4 \quad 6 \quad 8 \quad \cdots \quad 2n$$

L'esistenza di corrispondenza biunivoca fra l'insieme di tutti i numeri (un generico numero è indicato con n) e quello dei numeri pari (un generico numero pari è indicato con $2n$) è ora evidente.

Dunque la risposta al quesito iniziale: sono di più tutti i numeri o i numeri pari adesso è chiara: sono tanti uguali!

Non vi piace? Penso di poter intuire il perché. Dà fastidio il fatto che un insieme abbia tanti elementi quanto un suo sottoinsieme proprio. Per ottenere i numeri pari da tutti i numeri dobbiamo toglierne un bel po', tutti quelli dispari. Come è possibile che ne rimangano tanti come prima? Eppure, se accettiamo l'idea proposta prima di dichiarare che due insiemi hanno lo stesso numero di elementi se si possono mettere in corrispondenza biunivoca, allora dobbiamo accettare anche il fatto, ottenuto con un ragionamento ineccepibile, che i numeri pari sono tanti quanti tutti i numeri. Il fatto è che l'idea che togliendo qualche elemento da un insieme se ne ottiene un altro con meno elementi, che ci sembra così naturale e ovvia, funziona benissimo con gli insiemi *che contengono un numero finito di elementi*. Se vogliamo andare un po' più in là, se vogliamo considerare anche insiemi infiniti, il primo punto da comprendere è che sarà probabilmente necessario rinunciare a qualche proprietà che ci sembra naturale. In alternativa, se si vuole salvare il fatto che togliendo qualche elemento da un insieme se ne ottiene uno con meno elementi, occorrerebbe rinunciare all'idea di corrispondenza biunivoca, e cercare qualcos'altro (ma non lo consiglio).

Ecco un primo, bel messaggio che vorrei mandarvi: ci sono cose, concetti, idee, che diamo assolutamente per ovvi, perché li applichiamo ad un certo contesto, dove la risposta è sempre la stessa. Ma se vogliamo fare dei progressi, capire di più, dobbiamo essere pronti a rinunciare a qualcosa che in un contesto più generale potrebbe non essere ovvia, anzi, potrebbe essere addirittura contraddittoria.

Per essere ancora più espliciti: troppo spesso crediamo che il mondo delle nostre idee sia un mondo di verità acquisite, assolute, immutabili. E dimentichiamo che, al contrario, il nostro pensiero e le nostre deduzioni dipendono *sempre* dal contesto concettuale in cui ci poniamo.

Quanto detto sopra, dovrebbe far capire che, dal punto di vista psicologico, stiamo cambiando un po' la nostra idea di che cosa significa contare. Precisamente, pensando ad insiemi finiti, non sembra neppure necessario definire che cosa sia il contare, in qualche modo siamo fiduciosi che significhi la stessa cosa (magari espressa con modi diversi) per chiunque. Ma, per andare avanti, abbiamo bisogno di essere più precisi: ecco che allora la proposta della matematica diventa quella di contare per mezzo del confronto: contare come con(fron)tare.

Per ora, abbiamo solo detto che cosa vuol dire che due insiemi hanno lo stesso numero di elementi. Come si può esprimere che un insieme A contiene meno elementi di un insieme B? Siamo tutti d'accordo che, ad esempio, $5 < 7$. Per esprimerlo nel linguaggio precedente, possiamo dire che se si prendono due insiemi qualunque A e B, ma tali che A contiene 5 e B ne contiene 7, non esiste una legge da A in B che faccia sì che ogni elemento di B sia immagine di uno di A. Detto così può sembrare complicato, ma sto semplicemente dicendo che se avete cinque giocatori e sette maglie, non c'è verso che tutte le maglie vengano assegnate[2].

Facciamo un attimo il punto della situazione. Abbiamo scoperto che un insieme A ha, ad esempio, 17 elementi se riusciamo a trovare una corrispondenza biunivoca tra A e $\{1, \ldots, 17\}$. In altre parole, dal punto di vista del contare, l'insieme $\{1, \ldots, 17\}$ può essere scelto come il *rappresentante* di tutti gli insiemi che contengono 17 elementi. E così via per tutti i numeri che conosciamo.

Vogliamo fare un passo ulteriore? Passiamo allora a considerare insiemi infiniti. Il primo che ci viene in mente è senza dubbio l'insieme $\mathbb{N}$, che consiste di tutti i numeri interi positivi (detti, come sappiamo, numeri naturali). Ad esso associamo una *cardinalità*[3], che di solito si indica con $\aleph_0$ ($\aleph$ si legge "alef" e corrisponde alla prima lettera dell'alfabeto ebraico). Dunque, mi raccomando,

---

[2] Essendo proibito che un giocatore indossi due maglie, una sopra l'altra. Sembra una battuta, anzi è una battuta, ma spiega il concetto di funzione: ad un elemento di A, un giocatore, non possono essere associati due elementi diversi di B, cioè due maglie diverse.

[3] Così come 17 è la cardinalità dell'insieme $\{1, \ldots, 17\}$.

d'ora in poi se qualcuno vi chiede quanti sono i numeri, non date la scontata risposta "infiniti". Dite piuttosto "alef zero", che come minimo è molto elegante!

Conosciamo altri insiemi che hanno cardinalità *numerabile*, cioè $\aleph_0$? Certo che sì! Ad esempio l'insieme dei numeri pari, che è un sottoinsieme proprio di $\mathbb{N}$. Si può dimostrare che tutti i sottoinsiemi infiniti di $\mathbb{N}$ hanno cardinalità $\aleph_0$, il che implica che $\aleph_0$ è il cardinale più piccolo che c'è. La domanda che va in senso opposto è se esistono insiemi che contengono propriamente $\mathbb{N}$ e che hanno la stessa cardinalità. Con una dimostrazione semplicissima si può vedere che anche l'insieme

$$\mathbb{Z} = \{0, 1, -1, 2, -2, \ldots, n, -n, \ldots\}$$

di tutti gli interi ha cardinalità $\aleph_0$. E con un ragionamento non troppo complicato si dimostra che anche l'insieme $\mathbb{Q}$ di tutte le frazioni:

$$\mathbb{Q} = \{\frac{p}{q} : p \in \mathbb{Z},\ q \in \mathbb{N}\},$$

è numerabile ($\in$ è il simbolo che significa "appartiene"). Questo risultato può sembrare un po' sorprendente, perché se si immagina una retta, in essa i numeri naturali appaiono sparsi ed isolati (in un intervallo abbastanza piccolo ce ne cade al massimo uno), mentre i razionali sono *densi* nella retta (in ogni intervallo ne cadono infiniti): l'impressione è che dovrebbero essere un infinito diverso da quello dei naturali. Ma è un'impressione fallace.

Dall'ultimo esempio sorge spontanea una domanda. E se per caso tutti gli insiemi infiniti fossero numerabili? La cosa sarebbe un po' deludente, avremmo fatto tanto rumore per nulla. E poi ci piace la varietà, la molteplicità, in tutte le cose. Per fortuna, non è vero che tutti gli insiemi siano numerabili. L'esempio seguente, molto famoso ed intrigante, è dovuto al matematico Cantor.

Consideriamo tutte le sequenze di numeri fatte da zero e uno; ad esempio una di queste è:

0   0   0   1   1   0   0   ...

Supponiamo di metterle in una tabella, dove la prima riga è una di queste sequenze, la seconda riga un'altra, la terza una nuova, e così via (attenzione, le stiamo *numerando*):

0	0	0	1	1	0	0	...
0	0	1	1	0	1	1	...
0	1	0	1	1	0	0	...

$$\vdots$$

0	1	1	1	1	0	0	...
0	1	0	0	1	1	0	...
0	0	0	1	0	0	0	...

$$\vdots$$

Possiamo sperare di "mettere" tutte le sequenze possibili in una tabella come la precedente? Quel maligno di Cantor dice di no, che lui è sempre in grado di costruire una sequenza che non è presente nella nostra tabella, e in ogni tabella. Come fa? Semplice: prendiamo la tabella di sopra e costruiamo la seguente sequenza:

1	1	1	...	0	0	1	...

Immaginiamo dunque di aver costruito (forza del pensiero!) questa gigantesca tabella con infinite righe ed infinite colonne, e di essere ragionevolmente convinti di averci messo tutte le sequenze fatte di zero e uno. Purtroppo, Cantor ci dice che in ogni tabella così costruita manca almeno una sequenza[4].

Ecco un modo semplice, semplice perché ce lo ha detto Cantor, per costruire una sequenza che manca dalla tabella precedente. Che cosa metto al primo posto? Vado a vedere la prima sequenza della tabella: c'è uno 0. Allora nella nuova metto 1. A questo punto sono sicuro che la nuova sequenza *non* può essere uguale alla prima. Che cosa c'è al secondo posto della sequenza di Cantor? Vado a vedere la seconda della mia tabella, c'è uno 0, nella nuova metto un 1. Il gioco è fatto!

Attenzione al ragionamento logico matematico che abbiamo fatto: abbiamo supposto di poter numerare tutte le sequenze, ma

---

[4] Dopo che ci avrà convinto che ne manca almeno una, il passaggio per capire che ne mancano infinite è assolutamente ovvio. Ma infinite quante? Si dovrebbe capire dopo...

G. Cantor

comunque le numeriamo una scappa sempre fuori. Morale: *non si possono numerare tutte le sequenze di zero ed uno.*

A questo punto voi capite che il gioco si fa appassionante (persino troppo appassionante, qualcuno ne ha fatto le spese). Abbiamo trovato un nuovo "infinito". Possiamo trovare un meccanismo per crearne tanti altri? E ancora, un oggetto a noi familiare come l'insieme dei numeri reali, o se volete l'insieme dei punti di una retta, che infinito è?

Prima di andare avanti, facciamo una piccola pausa, analizzando un problema semplice, che ci permette successivamente di fare qualche considerazione interessante.

Dato un insieme A, come è fatto l'insieme dei suoi sottoinsiemi? Consideriamo ad esempio $A = \{1, 2, 3\}$. Per rispondere, cominciamo con lo scrivere tutti i sottoinsiemi di A costituiti da un solo elemento:

$$\{1\}, \quad \{2\}, \quad \{2\}.$$

Poi quelli costituiti da due elementi:

$$\{1, 2\}, \quad \{1, 3\}, \quad \{1, 3\}.$$

E quelli costituiti da tre elementi:

$$\{1, 2, 3\}.$$

La simmetria in matematica è irresistibile. Allora mettiamoci anche quello che ha zero elementi:

$$\{\emptyset\}$$

(si legge insieme vuoto, è privo di elementi, è un sottoinsieme di tutti gli insiemi). Ora contateli. Se non ho fatto errori, sono 8. Come è legato 8 a 3, il numero di elementi di A? Si ha che $8 = 2^3$. Non è un fatto casuale. Se A è un insieme finito di cardinalità a, si dimostra che la cardinalità dell'insieme dei suoi sottoinsiemi, chiamato anche insieme delle parti di A, è proprio 2^a. Generalizzando, si scrive che la cardinalità dell'insieme delle parti dell'insieme A che contiene infiniti elementi e che ha cardinalità a, è 2^a.

Non abbiamo ancora fatto un buon passo avanti. Perché con insiemi infiniti sappiamo di dover stare attenti. A tutti è chiaro che, dato il numero reale a, si ha che $2^a > a$. Ma se a è un cardinale infinito?

Da qui in poi le cose si fanno più complicate, però vi posso almeno enunciare due fatti interessanti. Il primo:

l'insieme $\mathbb{R}$ dei numeri reali ha la stessa cardinalità dell'insieme delle sequenze di 0 e 1 visto prima; questo in particolare implica che i numeri reali che non possono essere scritti come frazioni sono *di più* delle frazioni;

il secondo:

dato un insieme A, l'insieme $\mathcal{P}(A)$ delle sue parti ha cardinalità maggiore della cardinalità di A.

La seconda osservazione precedente ci permette di immaginare immediatamente un gran numero (!) di numeri cardinali: partiamo per esempio da $\mathbb{N}$, che ha cardinalità numerabile, poi prendiamo $\mathcal{P}(\mathbb{N})$, che ha necessariamente cardinalità maggiore di $\mathbb{N}$. Perché fermarsi? Prendiamo ancora $\mathcal{P}(\mathcal{P}(\mathbb{N}))$. Ebbene, ha cardinalità maggiore di $\mathcal{P}(\mathbb{N})$! Nuovo numero cardinale, e così via.

Vorrei mettere in evidenza la forza del ragionamento precedente, che ci permette di capire che esistono tanti infiniti di tipo differente. Si tratta di un ragionamento che chiamiamo di tipo *iterativo*. Intanto, si dimostra che l'insieme di tutti i sottoinsiemi di un dato insieme ha sempre cardinalità maggiore dell'insieme di partenza. Questo non innesca ancora il processo iterativo, ma basta partire da un insieme infinito, e noi prendiamo $\mathbb{N}$, ed ecco che il gioco è fatto.

C'è ancora un *problemuccio* cui vale la pena accennare. C'è un insieme infinito, a parte $\mathbb{N}$, che ci è particolarmente familiare, quello dei numeri reali o se vogliamo, quello dei punti di una retta (lo stesso infinito perché li sappiamo mettere in corrispondenza biunivoca). La sua cardinalità è diversa da quella di $\mathbb{N}$, proprio perché coincide con quello delle parti di $\mathbb{N}$. Sorge allora spontanea una domanda: fra le cardinalità di $\mathbb{N}$ e quella delle parti di $\mathbb{N}$, esiste un'altra cardinalità? Cioè, esiste un insieme che ha cardinalità maggiore di $\mathbb{N}$ e minore di $\mathbb{R}$?

La risposta precisa, alla precisa domanda precedente, è:

Sì e no.

Come? Che risposta è questa? Forse pensate che non lo sappia io. Ma non fatemi torto: così mi dareste non dell'ignorante, cosa su cui potrei essere socraticamente d'accordo, ma dello sciocco, e questo è peggio. Visto che queste cose le sto scrivendo io, è ragionevole aspettarsi che non ponga domande di cui non so la risposta, ma di cui so che la risposta si potrebbe facilmente avere ... Eh no, la questione interessante è che la risposta al precedente quesito è:

Dipende!

No, non sono impazzito, e questo discorso mi diverte anche, perché vi stupisce. Ma come, in matematica esiste la risposta *dipende*? Ma non ci hanno sempre cercato di convincere che tutto in matematica è necessario, stabilito, immutabile?

Invece no. Non è così. La matematica si basa, si deve basare, su certe premesse. Quelle che noi chiamiamo *assiomi*. Dalle premesse, ne seguono poi delle conclusioni, che chiameremo *teoremi*, e che sono affermazioni logicamente vere, *all'interno del sistema di assiomi scelto*.

Il fatto è che, dopo aver fissato questo insieme di assiomi da cui far partire la teoria, ci possiamo comunque porre delle domande, fare delle congetture, ipotizzare che certe cose siano vere oppure no.

Il punto cruciale di questo discorso, è che nell'insieme degli assiomi della teoria degli insiemi comunemente accettata (sviluppata nei primi anni Novecento) l'affermazione che esista un insieme di cardinalità compresa strettamente tra quella di $\mathbb{N}$ e di $\mathbb{R}$, che si dimostra coincidere con la cardinalità dell'insieme delle parti di $\mathbb{N}$, non è *dimostrabile*. Finito qui? No! Anche la sua negazione *non è dimostrabile*! Cioè, risulta *indipendente* dalle premesse assunte precedentemente. Quindi, *siamo liberi* di prendere la cosa come vera oppure no. Per inciso, la stragrande maggioranza dei matematici oggi assume che ci siano insiemi con tale proprietà.

Riprenderemo questo discorso più avanti, forse. Perché il punto è che questo non succede solo con la teoria degli insiemi, che qualcuno potrebbe pensare abbia delle anomalie: al contrario, è un fatto universale.

La teoria cardinale degli insiemi è davvero complicata, oltre che affascinante. Una volta che abbiamo costruito tutti questi oggetti, la tentazione naturalmente è quella di metterli tutti in un insieme, l'insieme di tutti i (numeri) cardinali. Perché no? E invece no! Semplicemente non si può, perché questo porterebbe a una contraddizione: è un argomento famoso, noto come antinomia di Cantor, analogo a quello di Russell che mostra che non si può parlare di "insieme di tutti gli insiemi".

L'infinito come limite

Torniamo a Zenone, che avevamo incontrato all'inizio del capitolo, ed è sempre lì ad aspettare che Achille raggiunga la tartaruga. Quale è l'origine del paradosso insito nel suo ragionamento? La sua idea è quella di scomporre il problema del raggiungimento della tartaruga in una famiglia *infinita* di sottoproblemi. Infatti, visto che Achille dà un vantaggio alla tartaruga, deve in un primo momento raggiungere il punto da cui la tartaruga è partita. Qui arrivato, comincia il secondo periodo, in cui Achille deve arrivare dove la tartaruga è arrivata alla fine del primo periodo. E così via. Achille si trova quindi di fronte al problema di dover compiere infiniti tragitti (seppur sempre più brevi) e quindi non può raggiungere la tartaruga.

Il problema messo in luce dal paradosso precedente è di sommare infiniti numeri. La conclusione di Zenone è che il risultato

Zenone di Elea

della somma non può che essere infinito. Siccome questo non ci convince, proviamo a ragionare con calma. Certamente, sappiamo sommare due numeri, e siccome il risultato è un nuovo numero, sappiamo allora sommarne un terzo, e così via. Questo ci permette, almeno in linea teorica, di sommare un numero arbitrariamente grande di addendi. Ma infiniti? Qui sta il nocciolo del problema. Dobbiamo trovare un modo *plausibile* per passare dal finito all'infinito. Per fare questo è utile ricorrere all'idea di *limite*, una delle più geniali della matematica, e non solo. Non avrebbe senso qui darne una definizione rigorosa, ma ci possiamo aiutare con l'intuizione. Supponiamo di avere la seguente sequenza:

$$1 \qquad \frac{1}{2} \qquad \frac{1}{3} \qquad \frac{1}{4} \qquad \dots \qquad \frac{1}{n} \qquad \dots$$

Appare chiaro che si tratta di una sequenza di numeri positivi, che diventano sempre più piccoli e che si avvicinano sempre più a zero. In tal caso si dice che il limite della sequenza è, appunto, zero. Proviamo a dirlo in un altro modo. Supponiamo di voler sostituire alla sequenza (infinita) di numeri, un numero finito di termini, con l'avvertenza però che quelli che buttiamo via siano "approssimati da un numero, che li rappresenta, a meno di un errore "piccolo. Quanto piccolo? Supponiamo di non poter sapere a priori che errore di arrotondamento ci sia concesso fare. Quindi, diciamo, in maniera un po' più complicata, che, per quanto piccolo sia il margine di errore fissato a priori[5], quel che si commette buttando via tutti i termini tranne un numero finito, deve essere più piccolo. In cambio, si capisce, dobbiamo concedere qualcosa; non si può pretendere che l'errore sia arbitrariamente piccolo e tenere tutti i termini della sequenza, o tutti meno, per esempio, i primi cento. Quel che concediamo è la cosa seguente: non importa quanti termini buttiamo via, purché siano in numero finito. Per esemplificare: vogliamo ammettere un errore di 1/100? bene, nell'esempio sopra butteremo via i primi 100 termini. Vogliamo un errore più piccolo, per esempio 1/1000? Buttiamo via i primi 1000 termini. Un altro esempio. Prendiamo la sequenza:

$$1 \quad \frac{1}{4} \quad \frac{1}{9} \quad \frac{1}{16} \quad \cdots \quad \frac{1}{n^2} \quad \cdots$$

e rifacciamo lo stesso gioco. Ancora, zero sarà l'elemento prescelto per rappresentare i termini della sequenza che buttiamo via. Vogliamo, come sopra, ammettere un errore di 1/100? Bene, butteremo via i primi 10 termini. Vogliamo un errore più piccolo, per esempio 1/1000? Buttiamo via i primi 35 termini. E così via. Poiché ovviamente non possiamo risolvere il problema provando tutti i numeri positivi, ecco l'idea (una delle più brillanti di tutta la matematica!): utilizzare, come del resto abbiamo fatto in altre occasioni, una lettera, in questo caso ε, che sia rappresentativa di un numero positivo qualunque. Faccio un esempio, perché il concetto è importante. Supponiamo di avere la sequenza:

$$1 \quad \frac{4}{5} \quad \frac{6}{10} \quad \frac{8}{17} \quad \cdots \quad \frac{2n}{n^2+1} \quad \cdots$$

Per verificare che la sequenza tende a zero, dopo aver osservato che è fatta di termini positivi[6], imposto la disequazione:

$$\frac{2n}{n^2+1} < \varepsilon,$$

e dopo qualche calcolo semplice mi accorgo che sono sicuro che sia verificata per ogni $n > \frac{2}{\varepsilon}$.

---

[5] In matematica il simbolo più frequentemente usato per indicare un piccolo errore è la lettera greca ε.

[6] Per questo, interessa vedere solo che diventino piccoli, in altre parole non abbiamo bisogno di controllare che non "scappino" a sinistra di 0.

In generale dunque una sequenza di numeri ha limite l, dove l è un qualunque numero reale, se, fissato arbitrariamente l'intervallo di tolleranza $(l - \varepsilon, l + \varepsilon)$, tutti gli elementi della sequenza, tranne un numero finito (dipendente da ε), cadono in tale intervallo.

Facciamo ora un passo in più, per cercare di definire che cosa significa che una sequenza di numeri tende a infinito (∞). L'idea, accettata quella precedente, è ora abbastanza semplice. Psicologicamente, associamo all'infinito qualcosa di molto, molto grande. Allora, il concetto di "arbitrariamente vicino a l", diventa, arbitrariamente grande. Per cui diremo che una sequenza tende all'infinito se, fissato un numero arbitrario (grande) K, tutti i termini della sequenza, escluso un numero finito (che dipende da K), sono maggiori di K[7]. Facciamo un esempio. Verifichiamo che la sequenza:

$$1 \qquad \frac{5}{4} \qquad \frac{10}{6} \qquad \frac{17}{8} \qquad \ldots \qquad \frac{n^2 + 1}{2n} \qquad \ldots$$

tende all'infinito[8]. Imposto la disequazione:

$$\frac{n^2 + 1}{2n} > K$$

e dopo qualche calcolo semplice mi accorgo che sono sicuro che sia verificata per ogni $n > 3K$ [9].

Ancora un osservazione. Consideriamo la sequenza:

$$1 \qquad -1 \qquad 1 \qquad 1 \qquad \ldots \qquad (-1)^n \qquad \ldots,$$

la fatta di 1 e -1 alternati. Ammette limite? La risposta è: no. Verrebbe forse voglia di dire che ne ammette due (1 e -1), ma non voglio, almeno in questo contesto e per ragioni che qui non voglio spiegare, avere più di un limite. E quindi siamo nei pasticci, perché

---

[7] L'uso della lettera K, al posto della lettera ε, è dettato da motivi esclusivamente psicologici. Come ε, K è un arbitrario numero positivo. D'altra parte, i valori significativi di ε sono quelli piccoli, quelli di K sono grandi. Per questo si usano di solito lettere diverse.

[8] D'accordo, ammetto di essere pigro!

[9] Attenzione, non sto dicendo che ho trovato *tutte* le soluzioni della disequazione, sto solo dicendo che per $n > 3K$ la disequazione è certamente verificata.

se scegliessimo 1 come limite, esso non potrebbe rappresentare gli *infiniti* -1 della sequenza, e lo stesso accadrebbe se scegliessimo -1. Certo, questo esempio può sembrare infelice, perché in questo caso non ci serve un limite per rappresentare questa sequenza, che è fatta di soli due numeri, ripetuti successivamente. Tuttavia è chiaro che si possono fare esempi solo un pò più complicati e ben più significativi.

In conclusione, abbiamo visto che, data una sequenza

$$a_1 \qquad a_2 \qquad a_3 \qquad a_4 \qquad \dots \qquad a_n \qquad \dots,$$

che indicheremo col simbolo $\{a_n\}$, sussistono tre casi possibili:

1. Ha limite $l \in \mathbb{R}$
2. Ha limite infinito
3. Non ha limite.

In generale, se $\{a_n\}$ ha limite L (che può anche essere ∞), scriveremo $a_n \to L$.

Fatta la fatica di introdurre il concetto di limite, torniamo al nostro problema di partenza, cioè quello di sommare infiniti termini. Noi sappiamo come sommarne un numero finito *qualunque*: questo significa che siamo in grado (almeno teoricamente), di costruire una sequenza infinita di somme (dette somme parziali); ebbene, se questa sequenza avesse un limite, sarebbe una tentazione irresistibile dire che quel limite è proprio la somma degli infiniti termini che dobbiamo sommare.

Faccio ancora un esempio; voglio sommare tutti i termini della forma $\frac{(-1)^n}{n^2}$, cioè -1, 1/4,-1/9,1/16, ecc. Non sto a dire quanto viene, ma vi dico che un qualche teorema mi assicura che, se sommo i primi 100 termini (cosa che un computer può fare con facilità e velocemente), ottengo il risultato della somma infinita con un errore più piccolo di 1/10000! Non male, no? Ho in mano uno strumento elegante, l'idea di somma infinita, che mi permette di fare certe operazioni (in seguito ne darò un'idea), e che pur essendo molto astratta è anche molto concreta, perché mi permette di fare calcoli, di ottenere stime e così via.

Naturalmente è molto importante rendersi conto che, avendo allargato l'insieme delle operazioni che sappiamo fare, dobbiamo aspettarci che certe "verità" potrebbero essere messe in discussione, almeno in determinate situazioni...

Sappiamo che la somma di due numeri (quindi di un numero *finito* anche se qualunque) gode di certe proprietà fondamentali. Vale ad esempio la proprietà commutativa, che ci dice che $a + b = b + a$, infatti nessuno ha dei dubbi sul fatto che $3 + 5 = 5 + 3$. Dovremmo stare attenti a dare per scontato che la stessa cosa valga anche quando sommiamo infiniti termini. Forse, quel che dovremmo provare a pensare è che la proprietà commutativa valga per certi tipi di somme infinite, ma non per tutte. E cercherò di arrivare a far capire che è proprio così. Ma facciamo una pausa, prima di addentrarci in queste questioni, per vedere come definire correttamente la somma di una serie, e per fare qualche esempio.

Sia data allora la successione $\{a_n\}$, e cerchiamo di dare un senso all'idea di sommare i suoi termini, operazione che potremmo indicare con

$$\sum_{n=1}^{\infty} a_n = a_1 + a_2 + a_3 + \cdots + a_n + \dots$$

Certamente sappiamo fare la somma dei primi due termini. Scriviamo $s_2 = a_1 + a_2$. Perché solo due? Allora scriviamo $s_3 = a_1 + a_2 + a_3 = s_2 + a_3$. Il gioco è quasi fatto. Perché siamo in grado di definire, per ogni numero naturale n, la somma corrispondente $s_n = s_{n-1} + a_n$. Ma allora abbiamo costruito una nuova sequenza: $\{s_n\}$. Mi sembra abbastanza naturale dire che la somma della sequenza infinita di addendi a_n è precisamente il limite di s_n. A proposito, invece di continuare a parlare di somma infinita, userò il termine di serie, che è quello utilizzato in matematica.

In genere dare una definizione non è molto difficile, più problematico è invece dare una definizione *sensata*. Però possiamo presumere che questa lo sia, e per rafforzare la nostra convinzione vediamo qualche esempio.

Esempio 1 Proviamo a vedere se ha sempre ragione Zenone.

- Sia $a_n = \frac{1}{n \cdot + n}$. Osserviamo che $\frac{1}{n \cdot + n} = \frac{1}{n} - \frac{1}{n+1}$. Allora il calcolo di $s_n = a_1 + \cdots + a_n$ è semplice perché posto $b_n = \frac{1}{n}$, si ha che $a_n = b_n - b_{n+1}$ e quindi

$$s_n = a_1 + a_2 + \cdots + a_n = b_1 - b_2 + b_2 - b_3 + \cdots + b_n - b_{n+1} = b_1 - b_{n+1}.$$

Siccome $\frac{1}{n+1} \to 0$, si ha allora

$$\sum_{n=1}^{\infty} \frac{1}{n^2 + n} = 1$$

- Sia $a_n = \frac{1}{2^n}$. Si ha che

$$s_n = \frac{1}{2} + \frac{1}{2^2} + \frac{1}{2^3} + \cdots + \frac{1}{2^n},$$

da cui

$$\frac{1}{2}s_n = \frac{1}{2^2} + \frac{1}{2^3} + \frac{1}{2^4} + \cdots + \frac{1}{2^{n+1}},$$

e quindi, facendo la differenza,

$$(1 - \frac{1}{2})s_n = \frac{1}{2} - \frac{1}{2^{n+1}},$$

e quindi $s_n = 1 - \frac{1}{2^n}$ da cui finalmente otteniamo

$$\frac{1}{2} + \frac{1}{4} + \frac{1}{8} + \cdots = 1,$$

indubbiamente un bellissimo risultato. Provate a vedere quanto viene la serie se facciamo partire la somma da $\frac{1}{2^k}$ invece che da $\frac{1}{2}$

- Calcoliamo $\sum_{n=1}^{\infty} \frac{1}{n}$. Qui ci vuole un trucco: io propongo questo. Considero

$$1 + \frac{1}{2} + \frac{1}{3} + \frac{1}{4} + \frac{1}{5} + \frac{1}{6} + \frac{1}{7} + \cdots,$$

e siccome mi accorgo che è difficile sommarli, faccio una cosa un po' diversa. Osservo che $\frac{1}{3} > \frac{1}{4}$, $\frac{1}{5} + \frac{1}{6} + \frac{1}{7} + \frac{1}{8} > \frac{1}{4} + \frac{1}{4} + \frac{1}{4} + \frac{1}{4}$ e mi accorgo che posso iterare il ragionamento. Così:

$$1 + \frac{1}{2} + \frac{1}{3} + \frac{1}{4} + \frac{1}{5} + \frac{1}{6} + \frac{1}{7} + \cdots >$$

$$1 + (\frac{1}{2} + \frac{1}{2}) + (\frac{1}{2} + \frac{1}{2}) + (\frac{1}{2} + \frac{1}{2}) + \cdots$$

In altre parole, raggruppando opportunamente i termini, mi accorgo che la serie di partenza ha somma più grande di una serie fatta di soli 1, e quindi la sua somma è infinita:

$$1 + \frac{1}{2} + \frac{1}{3} + \frac{1}{4} + \frac{1}{5} + \frac{1}{6} + \cdots + \frac{1}{n} + = \infty,$$

un altro bellissimo risultato

- Quanto fa $1 - 1 + 1 - 1 + 1 - 1 + \ldots$, questione da cui eravamo partiti da bambini? Proviamo a fare le somme parziali:

$$s_1 = 1, \quad s_2 = 0, \quad s_3 = 1, \ldots, s_{2n-1} = 1, s_{2n} = 0,$$

da cui deduciamo immediatamente che la somma non esiste[10].

Dopo aver visto qualche esempio, possiamo cominciare a riflettere sulle conseguenze che questa nuova definizione porta con sé e su come utilizzarla.

La prima osservazione che viene spontaneo fare è che già dai primi esempi si capisce come non sia molto facile, in generale, calcolare la somma di una serie. Dove sta il problema? Non è difficile capirlo. Per calcolare la somma di una serie, dobbiamo calcolare le somme parziali e successivamente il loro limite. Il problema sta nel fatto che non è in genere "facile" avere una formula semplice che ci dia la somma parziale s_n per ogni n. Se riguardate gli esempi, nel primo e nel secondo ho usato un trucco per ottenere un espressione semplice di s_n; già quando mi trovo a trattare il caso di $\sum_{n=1}^{\infty} \frac{1}{n}$ non sono in grado di scrivere in modo semplice e sintetico l'espressione $1 + \frac{1}{2} + \frac{1}{3} + \frac{1}{4} + \cdots + \frac{1}{n}$, e sono quindi costretto ad inventarmi dei trucchi per concludere qualcosa sulla natura della serie.

Tutto questo non ci deve fare perdere d'animo, al contrario, è stimolante! Intanto, possiamo cominciare a porci un obbiettivo più limitato. Dal momento che la somma di una serie è un oggetto che può avere tre nature diverse (o è un numero reale, o è infinito o ... è un oggetto che in realtà non esiste) un primo passo sarebbe quello di stabilirne la natura. Ad esempio, sarebbe interessante trovare delle classi generali di sequenze a_n per cui $\sum_0^{\infty} a_n$ esiste. E questo non è difficile. Se $a_n \geq 0$ per ogni n, allora $\sum_0^{\infty} a_n$ esiste. Se invece i segni dei termini a_n cambiano (infinite volte), la situazione è più ingarbugliata, ma un teorema ci dice che se per caso la somma dei termini, presi tutti col segno $+$, è un numero reale, allora anche la somma di partenza è un numero reale, il che ci indica un modo per tentare di vedere se la somma data converge.

Per quanto riguarda lo studio delle serie a termini positivi, il lavoro del matematico diventa quello di determinare dei criteri

---

[10] Però vedi un po' dopo...

per stabilire se una data serie converge oppure no. Senza entrare nei dettagli, dirò che un modo intelligente per trattare questo problema è di agire per confronti: date certe serie di cui conosco la natura, e che chiamo serie campioni (ad esempio quelle del tipo $\sum q^n$, che abbiamo visto prima nel caso particolare $q = \frac{1}{2}$) posso cercare di stabilire la natura di una serie data facendo confronti con opportune serie campioni[11].

Dopo aver dato dei criteri abbastanza generali per studiare il problema della convergenza delle somme infinite, si pone il problema di vedere quali delle proprietà delle somme finite si trasportino alle somme infinite. Non mi metto qui a studiare questo capitolo riguardante le serie. Piuttosto, vediamo, come al solito, qualcosa di stimolante.

Consideriamo la serie:

$$1 - \frac{1}{2} + \frac{1}{3} - \frac{1}{4} + \frac{1}{5} - \frac{1}{6} + \frac{1}{7} - \frac{1}{8} + \ldots,$$

che si chiama serie *a segni alterni*, e si dovrebbe capire facilmente il perché. Abbiamo già visto prima che se prendessimo i segni tutti positivi invece che alternati, la somma verrebbe infinita. Invece in questo caso, per il fatto che sommiamo termini che cambiano continuamente segno, succede che la somma converge a un numero; sempre senza difficoltà si vede che questo numero è positivo. Più difficile, ma in questo caso possibile, ottenere la somma, che è $\ln 2$, circa $0, 70$.

Allora scriviamo:

$$1 - \frac{1}{2} + \frac{1}{3} - \frac{1}{4} + \frac{1}{5} - \frac{1}{6} + \frac{1}{7} - \frac{1}{8} + \cdots = \ln 2.$$

Dividiamo tutti i termini per due, ottenendo così:

$$\frac{1}{2} - \frac{1}{4} + \frac{1}{6} - \frac{1}{8} + \frac{1}{10} - \frac{1}{12} + \frac{1}{14} + \cdots = \frac{1}{2} \ln 2.$$

Ora vorrei sommare termine a termine le due uguaglianze di sopra, riordinando opportunamente i termini e semplificando. Spiego quel che faccio sui primi termini della somma. Osservo che il

---

[11] Ad esempio se so che $0 < a_n < \frac{1}{2^n}$, allora $\sum a_n$ converge perché converge $\sum \frac{1}{2^n}$, se so che $a_n > \frac{1}{n}$, allora $\sum a_n$ diverge perché diverge $\sum \frac{1}{n}$.

termine $\frac{1}{2}$ compare nella prima riga col segno negativo e nella seconda col segno positivo; li semplifico, e la stessa cosa farò con $\frac{1}{6}$, $\frac{1}{10}$ ecc. Ora osservo che $\frac{1}{4}$ compare col segno meno sia nella prima riga sia nella seconda: li metto assieme per ottenere $-\frac{1}{2}$ nella nuova riga che costruisco. I numeri dispari li riporto come sono. Ottengo allora:

$$1 - \frac{1}{2} + \frac{1}{3} - \frac{1}{4} + \frac{1}{5} - \frac{1}{6} + \frac{1}{7} - \frac{1}{8} + \cdots = \frac{3}{2}\ln 2.$$

Se ora confrontate la prima e l'ultima riga, ne deduco che

$$\ln 2 = \frac{3}{2}\ln 2.$$

Siccome $\ln 2$ non è 0, il risultato ottenuto è palesemente falso!

Che cosa ho combinato? Riflettiamo: certamente, il risultato ottenuto è assurdo. E dunque, occorre cercare dove si è sbagliato, che tipo di errore è stato fatto. Sarei pronto a scommettere che chiunque abbia letto il calcolo precedente, e non conosca la fine della storia, sia convinto che abbia fatto un errore di calcolo, tipo $2+3 = 6$. Non è vero! O almeno, se l'ho fatto, è perché sono un pasticcione, ma il punto non è nei calcoli, che possono in questo caso portare a un risultato contraddittorio. Il problema è più sottile. Sta nel fatto che abbiamo usato, come spesso succede nei calcoli, delle proprietà che usiamo automaticamente, perché di solito sono vere. Ma vere *di solito* non vuol dire vere *sempre*.

Che cosa abbiamo usato qui? Certamente, la proprietà *commutativa*. Cioè a dire, che $a + b = b + a$. Appunto, una proprietà assai naturale. Molti di noi per fare, ad esempio, $3 + 17 + 7$ probabilmente tendono a dire $3 + 7 = 10$ (riordinando cioè i termini) e da questo dedurre facilmente la risposta.

Ora, nel momento in cui introduciamo il concetto di somma di infiniti termini, come generalizzazione della somma finita, dobbiamo anche chiederci se tutte le proprietà caratteristiche delle somme finite si mantengono in caso di somme infinite. Naturalmente, non è il caso che racconti qui la storia, ma per spiegare il mio punto di vista mi è appunto sufficiente dire che la proprietà commutativa non vale sempre.

Dal momento che è una proprietà assai comoda da avere, è interessante sapere che c'è un teorema che dice che la proprietà di poter riarrangiare i termini (cioè sommarli nell'ordine che vogliamo senza cambiare il risultato) vale per l'importante classe delle serie di $\{a_n\}$ tali che la loro somma converge, *anche se presi tutti col segno positivo*. In particolare dunque, vale per somme di termini tutti di segno costante. Questo risultato fa onore ai matematici, che non si scoraggiano di fronte ad un esempio come il precedente, ma si mettono di buona lena per cercare delle sottoclassi di sequenze per cui la proprietà associativa delle serie associate vale ancora, e le trovano anche. E la cosa non vale ovviamente solo in questo caso, ma ogni volta che una proprietà utile non è verificata per una classe di problemi molto ampia. Ci si dà da fare allora per trovare sottoclassi significative in cui l'agognata proprietà è verificata.

Tornando al problema della proprietà associativa, voglio dirvi che vale un risultato veramente sorprendente, uno dei più originali e stravaganti della matematica, e che ora mi accingo a spiegare, seppure in parole non troppo precise:

Consideriamo una sequenza di termini a segno alterno:

$$a_1 - a_2 + a_3 - a_4 + \cdots + a_{2n+1} - a_{2n} + \ldots$$

con i termini a_i di segno costante per ogni i. Supponiamo inoltre che la somma precedente converga, cioè sia finita, e che invece la somma:

$$a_1 + a_2 + a_3 + a_4 + \cdots + a_{2n+1} + a_{2n} + \ldots$$

sia infinita. Allora, dice Riemann, fissato un qualunque L, che può essere un numero finito, oppure $+\infty$ o $-\infty$, è possibile riarrangiare i termini della sequenza iniziale in modo da ottenere come somma L.

Quando ho letto per la prima volta il risultato, ci ho creduto solo perché mi hanno detto che era un teorema di Riemann[12]. Però sono rimasto parecchio perplesso e non mi ha stupito sapere che qualcuno, in tempi abbastanza lontani, ha detto che le serie non devono essere studiate perché *sono strumenti del diavolo*.

---

[12] Naturalmente, questo non è del tutto vero. I matematici a volte sono pigri, quindi credono a certi risultati senza verificarli. Io più degli altri. Ma di solito non prendo nulla per buono, senza dimostrazione, anche se il risultato arriva da un padreterno della materia.

Il teorema di Riemann è giusto, il risultato è abbastanza sorprendente, ma non troppo. Nel momento in cui ci rendiamo conto che non possiamo dare per scontato che le proprietà si verificano automaticamente in classi più generali di problemi, ci possiamo ben aspettare che succedano fatti paradossali. È la morale forte di questo capitolo. Estendere il nostro modo di vedere ci porta a dover rinunciare a proprietà che non vorremmo fossero messe in discussione, dal punto di vista psicologico.

B. Riemann

Ma essere pronti a ridiscutere tutto quanto, nel momento in cui si cerca di avere idee più generali, è un atteggiamento umile ma decisivo. Chi non accetta di discutere le cose, non fa troppa strada.

Concludo con un'ultima osservazione, anche questa probabilmente molto sorprendente per chi è arrivato sin qui.

Credo di avervi convinto che sappiamo fare somme infinite; ad esempio, credo che ormai siamo tutti convinti che

$$\frac{1}{2} + \frac{1}{4} + \frac{1}{8} + \cdots = 1,$$

e, estendendo un po' il ragionamento fatto prima, si può vedere che, se $-1 < q < 1$, allora

$$\sum_{n=1}^{\infty} q^n = \frac{q}{1-q}.$$

Insomma, quanto detto è *vero*. Come è vero che la somma infinita:

$$1 - 1 + 1 - 1 + 1 - 1 + \cdots + 1 - 1 + \ldots$$

non esiste.

Ma che cosa vuol dire è *vero*? Dovremmo aver imparato, proprio dalle pagine precedenti, ad essere prudenti quando si vuol parlare di *verità*.

E se mi mettessi a sostenere che invece la somma qui sopra fa $\frac{1}{2}$? È possibile che una cosa che non esiste faccia $\frac{1}{2}$? Messa così, è chiaramente assurdo. Eppure, ho buone ragioni per sostenere non sia una cattiva idea pensare che la somma precedente valga $\frac{1}{2}$.

Intanto, faccio osservare che nella formula sopra, mettendo $q = -1$, otterrei il risultato voluto (attenzione, devo fare un cambiamento di segno). Ora, è vero che ho specificato che la formula vale per $-1 < q < 1$, ma è chiara la tentazione di "estenderla": se vale per tutti i $q > -1$, perché non provare a mettere $q = -1$ in entrambi i membri dell'eguaglianza? Questo, tra l'altro si può fare nell'altro estremo dell'intervallo, cioè per $q = 1$, pur di dare valore infinito al quoziente $\frac{1}{0}$, cosa che ci hanno insegnato a non fare, ma nell'insieme dei numeri reali: qui ha perfettamente senso.

Ammetto che messa così, la spiegazione suona un po' tanto psicologica e poco matematica. Tuttavia passare al limite nelle uguaglianze che dipendono da parametri che variano in un intervallo, è spesso un'operazione interessante da fare, perché può portare a qualche risultato. La spiegazione rigorosa di tali passaggi al limite può essere abbastanza frequentemente provata a posteriori. Tornando alla nostra somma di sopra, posso dare una spiegazione molto più matematica al discorso precedente.

Ricordo che ho *definito* la somma di infiniti termini di una sequenza come il limite delle somme parziali. Come ogni definizione, risulta in parte arbitraria. Voglio dire, potrei cambiarla e trovare una definizione altrettanto interessante. Non posso entrare nei dettagli, ma arrivo alle conclusioni. In effetti, si può definire in modo un po' diverso la somma di infiniti numeri. Secondo questa nuova definizione, ogni somma infinita che risultava esistere con la definizione precedente, esiste ancora, e ha lo stesso valore (una garanzia che la nuova definizione è ragionevole come la vecchia). Inoltre, succede che qualche somma che non esisteva secondo la vecchia definizione, esiste secondo la nuova. La ragione si può cercare di spiegare così. Una successione di solito non ha limite se oscilla[13], ma se faccio delle medie posso smorzare le oscillazioni, e avere limite[14].

Giocando con l'infinito matematico abbiamo trovato insiemi con la proprietà che, se gli togli degli elementi, continuano ad avere lo stesso numero di elementi. Abbiamo scoperto che è vero che non esistono insiemi che hanno meno elementi dell'insieme dei numeri reali, ma più elementi dell'insieme dei numeri naturali. Ma è vero anche il contrario. Abbiamo scoperto come permettere ad Achille di raggiungere la tartaruga, ma nel far questo abbiamo trovato anche che ci sono serie che non esistono ma che potrebbero fare $\frac{1}{2}$ e somme in cui, scambiando l'ordine degli addendi, possiamo ottenere quello che vogliamo. Ce n'è abbastanza per capire che l'infinito, anche in una teoria logica come la matematica, ci costringe a fare qualche acrobazia mentale.

---

[13] Le somme parziali della sequenza precedente danno $1, 0, 1, 0, 1, 0, \ldots$ quindi non hanno limite.

[14] Facendo le medie sopra ottengo $1, \frac{1}{2}, \frac{2}{3}, \frac{1}{2}, \frac{3}{5}, \frac{1}{2}, \frac{n}{2n-1}, \frac{1}{2}, \ldots$, che ha appunto limite $\frac{1}{2}$.

Intermezzo 1

Ogni capitolo un po' più lungo richiede una piccola pausa. Che chiamerò *Intermezzo*. Chi ha fretta, può saltarli, come del resto può saltare altri capitoli del libro, oppure leggerli nell'ordine che vuole: diversamente dai libri che espongono teorie matematiche, l'ordine qui non è rilevante.

Confesso che scrivere questi intermezzi mi ha divertito: è passato molto tempo dall'ultima volta che ho scritto cose non matematiche, e allora lo facevo sotto costrizione...

Saab Vector

Chiuso come tanti,
in un auto che va e viene
per le strade di Lombardia, con la radio in sottofondo

e il monotono rumore del diesel.
Chi mi rende il mio tempo?
Non solo visi amati che passano nella mente invisibili agli occhi,
non solo i ricordi di mari limpidi, di pesci colorati
che guizzano veloci,
non solo la rara vittoria della squadra che, dopo aver insegnato
calcio alle altre, sembra aver dimenticato come si vince.
Anche un teorema, la bellezza di enunciato che,
una volta capito, non può che essere così.
E la sua dimostrazione, un'idea talmente bella,
meravigliosamente semplice,
anche nella difficoltà dei simboli e dei singoli passaggi.
Ad esempio, il teorema del passo di montagna.

Razionalità tra giochi e filosofia

Il tema della definizione di "razionalità" interessa naturalmente filosofi, scienziati e intellettuali in genere e quindi fa parte da sempre della storia della filosofia e del pensiero. Definire che cosa sia razionale e che cosa significhi comportarsi in maniera razionale sono temi di cui hanno scritto Platone e Aristotele, Descartes e Leibniz, tanto per citare qualche nome. Può la matematica dire qualcosa su questo tema? Certamente sì, e lo fa in particolare con una teoria affascinante, la teoria matematica dei giochi, che può essere letta, almeno in parte, come la ricerca di buone definizione quantitative di razionalità. Per entrare in tema, propongo per prima cosa tre esempi.

Tre esempi famosi

Come dicevo sopra, vediamo in questo paragrafo tre esempi, che ci faranno capire come spesso la risposta razionale a un problema non sia quella più intuitiva, o quella più ragionevole da aspettarsi anche da persone "intelligenti".

Il primo esempio è noto come *beauty contest*. Lo spiego in maniera equivalente, anche se solo più tardi ne motiverò il nome.

Esempio 1 Un gruppo di persone deve pensare un numero fra 1 e 100 e poi scrivere su un foglietto *i due terzi* di quello che ritiene sia la media dei numeri pensati.

Che cosa scrivete sul biglietto?

Esempio 2 Questo gioco è noto come *one dollar auction* e va svolto con più partecipanti. Ponete all'asta 100 euro, chiedendo un offerta di 1 euro. Si possono fare rilanci di un euro e, visto che la prima offerta è di un centesimo del valore messo in gioco, si pone la regola che chi vince l'asta si aggiudica i 100 euro all'ultimo prezzo proposto, ma anche che chi fa la penultima offerta si impegna a pagare, pur senza ricevere nulla.

Come pensate che vada a finire un gioco del genere?

Esempio 3 Questo gioco, noto come *ultimatum game*, è molto semplice, e lo descrivo in questo modo: sono con Francesca e Silvia, e offro a Francesca 100 euro, con la condizione che ne dia almeno uno a Silvia. Se Silvia accetta l'offerta di Francesca, allora il premio è assegnato e io mi assicuro che Francesca versi il pattuito a Silvia. Se Silvia rifiuta l'offerta, nessuno dei due ottiene nulla.

Che cosa offre Francesca, e che cosa risponde Silvia?

Vedremo dopo i comportamenti più comuni delle persone coinvolte in questo tipo di giochi. La teoria in genere prevede un comportamento differente. Per il momento però cerchiamo di arrivare a una definizione di razionalità.

Razionalità individuale

Partiamo dall'idea di *razionalità individuale*.

Faccio una premessa. La matematica, nel costruire modelli, semplifica, naturalmente, e idealizza. Succede ovviamente anche quando introduce il concetto di razionalità individuale. Che dal punto di vista matematico, è molto semplice. Supponiamo di considerare una persona che si trova a scegliere fra un certo numero di alternative possibili e che agisce da solo, senza interferenze con altri agenti. Naturalmente, perché abbia senso porsi il problema della scelta migliore, assumiamo che questa persona abbia delle *preferenze* su queste alternative. Si matematizza allora l'idea di preferenze su un insieme di alternative, il che stabilisce una specie di gerarchia fra queste, e con razionalità individuale s'intende la scelta della prima (o delle prime) della lista. Supponendo di riuscire a descrivere le preferenze con una funzione di utilità[15] u, dal punto di vista matematico il decisore razionale cerca il massimo (o uno dei massimi) della funzione u. Un'idea molto semplice, dal punto di vista teorico, che però non chiude la pratica, visto che rimane tutta la parte "tecnica", che consiste nel fornire condizioni affinché il massimo della funzione utilità esista, visto che di solito si possono avere infinite alternative a disposizione, e poi, anche nel caso finito, nell'inventare metodi per trovare un punto di massimo (o di "quasi" massimo), in problemi particolarmente complessi, che poi sono i più interessanti. Dunque, il comportamento razionale di un individuo isolato è facile da definire, dal punto di vista matematico, che naturalmente ignora parecchie cose: innanzitutto la difficoltà di esprimere una relazione di preferenze rigorosa e non contraddittoria[16] e poi il problema, ancor più serio, del fatto che la razionalità vorrebbe essere la definizione di un codice di comportamento tipico degli esseri intelligenti, ma tutti noi sappiamo di violare sistematicamente la regola precedente, prendendo decisioni o facendo cose che sappiamo essere non ottimali: sappiamo tutti che è meglio non fumare, e i fumatori sono tanti; disperarsi per i risultati di una squadra di calcio è una cosa ridicola, eppure quanti lo fanno; e di esempi così se ne possono fare infiniti. Tutto questo al matematico però non interessa: ogni teoria è un tentativo di descrivere e spiegare (in maniera approssimata) una parte di una qualche realtà[17], ed è fondamentale avere un punto di partenza, anche se può sembrare non del tutto realistico: in fondo la meccanica nasce col moto rettilineo uniforme, o coi moti senza attriti, che sono situazioni idealizzate, eppure nessuno le contesta.

Tuttavia in ben poche occasioni decidiamo davvero da soli e, quasi sempre, il nostro livello di soddisfazione non dipende soltan-

---

[15] Dato un insieme di alternative A, e una relazione di preferenza su A, la funzione u rappresenta la relazione di preferenza se, per ogni $x, y \in A$, $u(x) > u(y)$ se e solo se x è preferibile a y.

[16] Una tipica contraddizione è preferire una mela piuttosto che una pera, una pera piuttosto che una banana e una banana piuttosto che una mela. In situazioni più complesse è facile cadere in queste contraddizioni, anche se di solito, se ci viene fatto notare, cambiamo le nostre preferenze.

[17] Non dico di una parte *della* realtà, dal momento che sono convinto che non esista una sola realtà.

to da quel che scegliamo noi, ma anche dalle scelte altrui. Dunque il problema si complica, e non poco, perché non è affatto chiaro che cosa voglia dire fare delle scelte intelligenti nel caso in cui il risultato che otteniamo alla fine non dipenda solo dalle nostre scelte. Per cominciare quindi, occorre dare delle ipotesi di partenza, uno scenario nel quale inserire i nostri modelli.

Vediamo di fare una premessa. Nella vita tutti fanno progetti che sono realizzabili solo cooperando con altri. Ad esempio, non sono certamente in grado di costruire da solo la casa di cui ho bisogno. Analogamente, chi costruisce case potrebbe aver bisogno di me per realizzare qualcosa che da solo non è in grado di fare. Tuttavia, esistono persone *immorali* che ritengono sia loro interesse aderire a un qualsivoglia progetto, sfruttare il lavoro altrui, e poi non mantenere gli impegni presi. In realtà, basta che ci sia il sospetto che un agente, un solo agente, non mantenga i patti, per far sì che anche gli altri non abbiano nessun interesse a mantenere i patti stessi, ma assumano al contrario un atteggiamento aggressivo [18].

Dunque, lasciati a loro stessi, agenti razionali non possono *mai* beneficiare della cooperazione, ma vivono in uno stato costante di tutti contro tutti e in questo quadro la vita umana non può che essere *solitary, poor, nasty and short*.

La descrizione della vita con i quattro precedenti aggettivi presi dalla lingua inglese è celebre ed è presa dal *Leviathan* di Hobbes che, come ci racconta la storia della filosofia, propone, come alternativa a questo perenne stato di anarchia, l'introduzione della figura del *dittatore*, che ha il compito di vigilare sull'osservanza dei patti e di conseguenza di punire con severità coloro che non li rispettano.

La teoria dei giochi parte proprio da qui, in quanto si propone di studiare il comportamento di decisori che devono interagire, che hanno interesse a massimizzare la loro soddisfazione e che

---

[18] Un esempio che viene spesso citato per illustrare quanto il sospetto possa agire sul comportamento riguarda la situazione in cui due uomini armati di pistola si fronteggiano: probabilmente ambedue sarebbero più contenti di evitare un conflitto a fuoco, ma il solo sospetto che l'altro possa sparare spesso induce a premere il grilletto.

Il Leviathan

non sono tenuti a mantenere patti, anche liberamente sottoscritti, se non è loro conveniente[19].

Non entro ora nella discussione di questo scenario, fondamento della teoria; credo potrebbe anche essere interessante, ma non intendo farlo qui. Ogni teoria ha il diritto di porsi nel contesto che vuole, purché non contraddittorio. Se poi fornisce risultati ragionevoli, diventa anche interessante. E non c'è dubbio che la teoria dei giochi passa l'esame.

Una prima ipotesi di razionalità

Come possiamo tradurre quanto detto riguardo alla massimizzazione delle preferenze fra alternative, nel caso in cui il decisore sia unico, al contesto in cui i decisori sono più d'uno? Premetto che la risposta non è né facile né univoca e a volte appare, quando applicata ad esempi concreti, addirittura paradossale. Tuttavia,

---

[19] Più precisamente, questa è la parte di teoria detta non cooperativa. Esiste anche una parte della teoria che si occupa di giochi cooperativi, dove si assume che accordi presi siano vincolanti, per motivi che comunque non entrano per nulla nell'analisi del gioco.

per cominciare, propongo di partire con questa semplicissima, e certamente condivisibile, regola:

Un giocatore non sceglie l'azione x, se ha a disposizione una scelta z che gli permetta di ottenere di più, qualunque siano le scelte dell'altro (o degli altri) giocatori.

Basta poco a capire che la regola precedente spesso sarà di poco aiuto. Un gioco che mi vede coinvolto è infatti interessante (e realistico) se devo fare congetture sul comportamento degli altri partecipanti per prendere le mie decisioni, non se le mie possibili scelte vanno bene, oppure male, a prescindere da quello che fanno gli altri. Per questo, oltre a tutto, ho espresso la regola sotto forma di eliminazione di una scelta dominata, piuttosto che implementazione di una strategia dominante. Con ciò voglio dire che a volte può succedere che alcune scelte siano palesemente sfavorevoli rispetto ad altre, ma una volta eliminate queste scelte sfavorevoli[20] le scelte rimaste possono essere numerose, per cui la regola precedente non mi permette di ottenere un risultato univoco. Tuttavia, in alcuni casi molto semplici, anche la regola precedente può portare a una conclusione.

Consideriamo l'esempio seguente:

Esempio 4 Il gioco è descritto dalla bimatrice[21]:

$$\begin{pmatrix} (10,10) & (0,15) \\ (15,0) & (5,5) \end{pmatrix}.$$

Vediamo innanzitutto di capire bene che cosa significa che questa bimatrice è un gioco. Intanto, i giocatori sono due, diciamo Angelo e Renato. Angelo deve scegliere una riga della bimatrice, Renato una colonna. Le scelte, che prima avevamo indicato con le lettere x, y, z ora sono sostituite da: prima o seconda riga per Angelo, prima o seconda colonna per Renato. Supponiamo che Angelo scelga la prima riga, Renato la seconda colonna. Le loro scelte individuano una casella, in questo caso quella in alto a destra, dove ci sono due numeri. Sempre per convenzione, il primo è quanto guadagna Angelo, il secondo quanto guadagna Renato. Dunque le

---

[20] Tecnicamente si parla di *eliminazione di strategie dominate*.

[21] Il gioco rappresenta la situazione in cui io chiedo ad Angelo e a Renato: preferisci che ti dia 5 euro o che ne dia 10 al tuo amico?

loro scelte determinano un guadagno finale per entrambi. Ma che cosa giocheranno Angelo e Renato? Se vogliamo sfruttare la regola di comportamento precedente, dobbiamo procedere così: Angelo osserva i suoi pagamenti, disinteressandosi, per il momento, di quelli di Renato. Ne viene fuori allora la matrice:

$$\begin{pmatrix} 10\ 0 \\ 15\ 5 \end{pmatrix}.$$

Situazione fortunata! Infatti Angelo si accorge che per mezzo della regola precedente può eliminare, fra le sue scelte, la prima riga, perché la seconda gli offre un guadagno superiore, *indipendentemente da quella che sarà la scelta di Renato*. Essendo nel caso in cui le scelte sono solo due è allora chiaro che, eliminandone una, rimane solo l'altra!

Il passo successivo è di accorgersi che il gioco è simmetrico, nel senso che Renato ha esattamente le stesse opzioni e gli stessi guadagni di Angelo. Il che significa che lui elimina la prima colonna fra le sue scelte possibili. Dunque Angelo sceglie la seconda riga, Renato la seconda colonna. In conclusione, ottengono 5 entrambi.

Questo gioco, apparentemente piuttosto banale, è in realtà molto importante e molto famoso. In letteratura è noto come *dilemma del prigioniero*.

Ma perché è così famoso? Intanto, osserviamo che esso rappresenta una semplice ed elegante formulazione matematica del pensiero di Hobbes: i miei due amici, se avessero fiducia l'uno nell'altro, potrebbero spartirsi un bottino di 10 euro ciascuno. Purtroppo invece, il dubbio che l'altro possa tradire la fiducia, induce a un comportamento egoistico, che alla fine punisce tutti e due. Ma il fatto che la bimatrice precedente possa essere presa come la traduzione matematica del pensiero di Hobbes non è ovviamente il solo motivo per cui viene considerato dagli esperti (non solo matematici) di straordinaria importanza. Il punto cruciale, al di là del fatto che tante situazioni quotidiane sono riconducibili a uno schema simile, e che quindi averne un modello semplice è molto prezioso, è che, di fronte a una situazione come quella descritta, non siamo in genere in grado di prevedere come sceglieranno persone diverse, della cui "intelligenza e razionalità" non abbiamo motivo di dubitare. Di più, si è osservato che la stessa persona può comportarsi in maniera opposta in due situazioni, che potrebbero entrambe essere espresse matematicamente come la bimatrice di sopra[22].

Vedremo dopo una possibile spiegazione del perché individui razionali possono mostrare un comportamento diverso da quello apparentemente predetto dalla teoria. A questo punto però, considerando la grande naturalezza dell'assunto dell'eliminazione delle strategie dominate, potrebbe venire il sospetto che sia meglio rinunciare a dare una definizione matematica di razionalità. O anche che le premesse da cui siamo partiti vanno completamente riviste[23]? E poi, altro problema davvero interessante, visto che anche gli animali interagiscono fra loro, come si comportano in situazioni tipo quella del dilemma del prigioniero?

Questo semplice esempio solleva una quantità straordinaria di questioni interessanti. Infatti ne parlano economisti, psicologi, filosofi, zoologi, studiosi del comportamento degli esseri viventi in genere. La matematica ha avuto, come in tante altre occasioni, il grande merito di rendere semplice ed elegante la formulazione di un problema con cui ci si scontra continuamente nella vita di relazione.

L'ipotesi di razionalità che abbiamo fatto all'inizio di questo paragrafo, e che crea comunque immediatamente situazioni paradossali, è in realtà molto debole, come abbiamo già detto, e spesso non serve a nulla per cercare di capire il comportamento delle persone in situazioni interattive. Per cui è necessario esplorare nuove vie.

Comincio allora, con l'idea di seguire lo sviluppo storico, con il proporre l'analisi di una categoria particolare di giochi, in cui cadono molti dei più diffusi giochi da tavolo, tipo dama e scacchi.

---

[22] Ovviamente, raccontando storie diverse...

[23] Qualcuno potrebbe a questo punto fare la congettura che agenti che interagiscono non siano interessati a ottenere il "meglio per sé": si potrebbe dunque rinunciare a questa ipotesi di partenza. Opinione rispettabile, ma che finora non ha portato a nessuna ipotesi alternativa da cui partire per provare a creare una teoria nuova. Mentre quella che oggi chiamiamo teoria (matematica) dei giochi alcuni risultati notevoli li ha comunque raggiunti.

Induzione a ritroso

Come faccio spesso, introduco l'argomento attraverso un esempio.

Esempio 5 Ci sono tre politici che devono votare un possibile aumento dei loro salari. Le regole impongono che la votazione avvenga per chiamata nominale e che il voto sia pubblico. Per passare, il provvedimento ha bisogno di almeno due voti. Stabilito questo, occorre ora chiarire quali siano le preferenze dei tre giocatori. In questo caso è facile; non è irrealistico aspettarsi che abbiano le stesse preferenze, che possono essere ordinate nel modo seguente. La situazione peggiore si ha quando uno vota sì, ma il provvedimento non passa: si rimane senza l'aumento e si fa la figura degli avidi. Naturalmente avere uno stipendio superiore è una priorità, per cui la situazione successiva è quando uno vota no, e l'aumento non passa. Meglio votare sì e ottenere l'aumento. Infine, il meglio che possa capitare è di votare contro l'aumento, ma ottenerlo: in questo caso si fa bella figura e lo stipendio aumenta. Non abbiamo bisogno di quantificare con numeri le utilità dei giocatori, ci basta ordinare i quattro esiti, assegnando loro i valori convenzionali $d < c < b < a$.

Supponendo di poter scegliere, votereste per primo, per secondo o per terzo?

Se non avete la risposta immediata, ora ve la passo io. E vi accorgerete che, *a posteriori*, è anche ovvia. Questo in teoria dei giochi accade abbastanza spesso: scoprire, *dopo*, che il risultato era banale! Cosa che però non è chiara a priori...

Prima di vedere la risposta, è opportuno osservare esplicitamente che, nonostante i tre politici debbano fare la stessa cosa e cioè dire sì o no, in realtà si trovano in situazioni ben diverse a seconda del momento in cui devono esplicitare il loro voto. Possiamo rendere chiaro in maniera sintetica il fatto che la situazione prevede mosse successive? Come descrivere un gioco come questo? Ecco il modo migliore.

Quello che ho disegnato sopra si chiama *albero* del gioco, che così descritto viene detto in forma *estesa*. La cosa interessante di una simile rappresentazione è che mette in evidenza immediatamente quale è il modo migliore per analizzarlo. Si tratta di partire

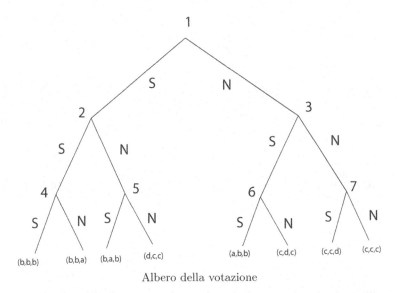

Albero della votazione

dalla fine e di risalire fino all'inizio: partire dalle foglie, risalire per i rami, arrivare alla radice. Osserviamo i nodi finali, cioè quelli in cui il giocatore coinvolto fa l'ultima mossa. In questo caso, è il terzo giocatore e se andate a vedere lui gioca sì se almeno uno dei due ha detto no, altrimenti vota no.

Il ragionamento fatto nei nodi finali permette dunque di scrivere un gioco equivalente a quello di partenza, ma che ha la grande proprietà di essere più corto: questo si conclude in due mosse, quello precedente in tre.

Ora è chiaro come procedere; avendo capito come partire, sappiamo anche come continuare. Notate che, nella figura, sopra ho riportato le utilità del primo e del secondo giocatore, non del terzo. Questo in linea col principio che ad ogni giocatore interessa *solo* il proprio utile. Per cui conoscere quello degli altri è importante solo per capire che mosse potrebbero fare. Quando uno dei giocatori non ha più, nell'analisi a ritroso, mosse da fare, la sua utilità non interessa più.

È inutile continuare nell'analisi del gioco precedente, dicendo che cosa fa ora il secondo giocatore, e poi quel che farà il primo.

Secondo albero della votazione

Semplicemente, ora abbiamo capito che giocatore conviene essere! Non il terzo, come molti sono portati a pensare, nell'erronea convinzione che, interessando a tutti l'aumento, i primi si affretteranno a votare sì: al contrario, il primo vota no sapendo che gli altri, pur di ottenere l'aumento, si adatteranno a votare a favore[24]. Il metodo appena illustrato su un esempio si chiama di *induzione a ritroso*. È abbastanza semplice capire a che giochi si può applicare. Prima di tutto, le mosse devono essere in sequenza. Secondariamente, tutti sanno, supponendo di essere in un certo nodo dell'albero, che cosa è successo in precedenza, cioè come ci si è arrivati, e ogni possibile sviluppo futuro. Possiamo aggiungere anche che il gioco deve avere un numero finito di mosse. Va inoltre osservato che possiamo anche ammettere che ad un certo punto ci sia una mossa effettuata tramite un evento casuale, ad esempio il lancio di una moneta. Questo a patto però di sapere la probabilità di ogni singolo evento che può accadere, e di accettare di calcolare

---

[24] Quando chiedo a un gruppo di persone di dire se vorrebbero essere il primo, il secondo o il terzo a votare, la maggior parte indica il terzo, un certo numero il primo ma alcuni, sorprendentemente, il secondo. Credo che questo sia dettato da fattori esclusivamente psicologici, e non da una forma di ragionamento. Il secondo è come se fosse in una posizione attendista e defilata.

l'utilità come valore atteso[25].

È evidente che moltissimi giochi sono di questo tipo, dalla dama agli scacchi, fino all'*ultimatum game* che abbiamo descritto sopra, e di cui adesso dovreste avere chiaro l'esito fra giocatori razionali. Ovviamente però non tutti i giochi sono di questo tipo, in particolare non lo sono quelli che prevedono mosse contemporanee da parte dei giocatori.

Meno chiaro, forse, il fatto che anche l'induzione a ritroso pone problemi interessanti e questioni paradossali, che non affrontiamo però ora, ma in un capitolo successivo. Adesso continuiamo il nostro viaggio nel mondo della razionalità.

Giochi a somma zero

Fino a questo punto abbiamo trovato come prevedere l'esito di un gioco, in due casi molto particolari. Nel primo caso, si arrivava a una determinazione univoca dell'esito applicando sistematicamente l'eliminazione di strategie dominate. Questo, in casi molto particolari, porta ad un esito ben preciso, e il problema è allora risolto. D'altra parte, abbiamo anche arguito che queste sono le situazioni meno interessanti, dal momento che il vero gioco c'è quando la mia utilità dipende effettivamente da quel che fanno gli altri, mentre eliminare strategie è possibile solo quando una certa azione è meglio di un'altra, qualunque cosa facciano gli altri. Il secondo caso che abbiamo affrontato è quello dei giochi finiti, in cui i giocatori giocano consecutivamente e non contemporaneamente, e conoscono storia passata e possibili sviluppi futuri del gioco stesso. In questo caso l'induzione a ritroso è la soluzione del problema.

Ora cerchiamo di allargare sempre più l'indagine, prendendo in considerazione una classe importante di giochi in cui le mosse possono essere fatte in contemporanea (oppure anche in tempi diversi, ma senza che i giocatori sappiano che cosa hanno fatto o

---

[25] Vincere 1000 euro se esce testa e zero se esce croce nel lancio di una moneta non truccata è esattamente lo stesso che avere con certezza 500 euro. Chiaro che si tratta di un'ipotesi ragionevole, ma che non è affatto detto che per tutti sia così in ogni occasione.

stanno facendo gli altri): si tratta dei giochi cosiddetti *a somma zero*...

Un gioco a due giocatori si dice a somma zero se in ogni situazione ciò che un giocatore guadagna è esattamente quel che perde l'altro. Situazione detta anche *strettamente competitiva*, perché gli interessi dei giocatori sono contrapposti, e proprio per questo si intuisce come la loro analisi debba essere più semplice dei giochi in cui ci può essere collaborazione: il fatto di avere interessi divergenti ha il pregio di mettere le cose in chiaro: quel che è bene per te è automaticamente male per me... Dunque, come affrontare lo studio dei giochi a somma zero? Partiamo con un esempio.

Supponiamo che il gioco sia descritto dalla seguente matrice[26]:

$$\begin{pmatrix} 4 & 3 & 1 \\ 7 & 5 & 8 \\ 8 & 2 & 0 \end{pmatrix}.$$

A prima vista non è ovvio quale sia il risultato di questo gioco, ma seguendo il ragionamento seguente ci arriveremo senza difficolòtà. Chiaramente, 5 è la cifra massima che il secondo giocatore è d'accordo di pagare, perché giocando la seconda colonna sa che, *al massimo*, si trova a pagare appunto 5 (contro il rischio di pagare 8 giocando la prima o la terza). Analogamente il primo, giocando la seconda riga, guadagna *come minimo* 5, contro il rischio di guadagnare 1 o 0 giocando le altre righe. Riassumo: il primo sa di poter guadagnare non meno di 5, il secondo sa di poter pagare non più di 5, allora evidentemente 5 è il risultato del gioco, ottenuto con la scelta della seconda riga per il primo giocatore, e della seconda colonna per il secondo.

Si dice che il primo, scegliendo la seconda riga, ha selezionato una strategia di *maxmin,* mentre il secondo, scegliendo la seconda colonna, una strategia di *minmax*.

Questo punto è così importante che merita di essere approfondito meglio. Che cosa ha fatto il primo giocatore? Fissa una riga, diciamo la riga i, e guarda i suoi possibili guadagni, in dipendenza

---

[26] I numeri nelle varie caselle rappresentano, per convenzione, quanto il secondo paga al primo, e cioè la funzione di utilità del primo giocatore; quella del secondo, quindi, è quella del primo cambiata di segno.

delle scelte del secondo: $a_{i1}, a_{i2}, \ldots, a_{ij}, \ldots$ Considera il valore minimo fra tutti questi, che chiamiamo $\min_j a_{ij}$: la notazione mette in evidenza che si tratta di una quantità dipendente dalla generica riga i, che nel gioco deve essere scelta dal primo giocatore, il quale ha interesse ad ottenere il massimo possibile. Quindi sceglie la riga che gli dà $\max_i \min_j a_{ij}$. Si dice che $\max_i \min_j a_{ij}$ è il valore *conservativo* per il primo giocatore, e conservativo sta appunto a mettere in evidenza che lui, comportandosi razionalmente, è in grado di ottenere almeno tale quantità. Lo stesso ragionamento si applica al secondo giocatore, tenendo però conto che lui paga, quindi bisogna cambiare dei segni.

Naturalmente non tutto è così semplice nemmeno per questi giochi. Consideriamo, ad esempio, la seguente matrice:

$$\begin{pmatrix} 0 & 1 & -1 \\ -1 & 0 & 1 \\ 1 & -1 & 0 \end{pmatrix}$$

che è una rappresentazione possibile del gioco "forbici, carta, sasso"[27], col pagamento convenzionale di 1 al vincitore. Se calcoliamo il maxmin e il minmax vediamo che otteniamo due risultati diversi: il maxmin è -1, il minmax è 1[28]. Niente di strano, anzi è piuttosto intuitivo che questo gioco non abbia una soluzione "banale": è chiaramente impossibile determinare a priori, con certezza, il risultato tra due giocatori ugualmente abili.

Questo è solo un esempio, ma basta a far capire che se in un gioco a somma zero maxmin e minmax sono gli stessi, allora l'esito del gioco stesso è scontato, mentre se sono diversi[29],

---

[27] Altrimenti detto *morra cinese*.

[28] Detto a parole: qualunque cosa facciano i due giocatori, potrebbero perdere. Il che è ovvio.

[29] Si verifica che, qualunque sia la funzione $f(x, y)$, si ha che $\min_y \max_x f(x, y) \geq \max_x \min_y f(x, y)$. Una tipica disuguaglianza matematica difficile da ricordare, se si pretende appunto solo di ricordare. Ma se invece si tiene a mente che la prima quantità rappresenta il massimo che il secondo è disposto a pagare, la seconda il minimo che il primo è disposto a ricevere, allora diventa del tutto naturale, perché altrimenti chi ci metterebbe la differenza? Più chiaramente, se in un gioco posso ottenere 5 qualunque cosa tu faccia, non è possibile che tu possa pagare non più di 4 qualunque cosa io faccia.

apparentemente non c'è equilibrio.

Torniamo alla morra cinese. Apparentemente, è un gioco senza equilibrio. Dobbiamo allora fermarci qui, e rassegnarci al fatto che non si può prevedere nulla sul comportamento di esseri razionali? In realtà, non è la morra in sé che ci interessa, quanto ogni gioco simile a questo. In altre parole, è il *modello* di situazione che rappresenta lo scopo della nostra indagine, non la singola partita. Il modello allora ha senso se è ripetuto. Ipotizziamo quindi di giocare la morra varie volte con la stessa persona. Si intuisce allora che certamente ci sono modi più intelligenti e modi molto meno intelligenti di giocarlo. Ad esempio, se decidessi di non giocare mai pugno, e voi ve ne accorgeste, che cosa decidereste di fare? Se giocate bene, alla lunga mi sbancherete... Esiste allora un modo "ottimale" per giocare anche questo gioco che apparentemente non ha soluzione? Non posso stare qui a fare la storia della questione, ma la risposta è positiva: si tratta di generalizzare l'idea di strategia, assumendo che le nostre decisioni non siano tanto le singole mosse, quanto *le probabilità* con cui giochiamo le mosse stesse (ad esempio non giocare mai pugno corrisponde a scegliere di giocare pugno con probabilità nulla). Si può allora dimostrare che, partendo da un gioco con un numero finito di mosse, si arriva a una situazione di equilibrio (in senso generalizzato, evidentemente). Nel caso sasso, carta, forbici, come è abbastanza logico aspettarsi, due giocatori razionali giocano una delle tre opzioni con la stessa probabilità, ed il risultato del gioco è un pareggio[30].

Il risultato precedente, celebre e importante come colui che l'ha dimostrato, J. von Neumann, di cui parleremo diffusamente più avanti, completa in modo soddisfacente l'analisi dei giochi strettamente competitivi, avendo fornito un concetto di razionalità e

---

[30] Questo risultato può davvero sembrare controintuitivo, soprattutto se si considera un gioco simile come il pari e dispari, in cui il pareggio in una singola partita non è proprio possibile, mentre la teoria prevede ancora una volta che nessuno dei due giocatori prevalga sull'altro, essendo il gioco totalmente simmetrico. Questo sembra addirittura senza senso, ma una spiegazione abbastanza convincente potrebbe essere che due giocatori razionali, giocando più volte al pari e dispari, selezionando le due mosse con uguale probabilità, *in media* otterranno lo stesso numero di successi. Certo, il risultato è duro da digerire, se si pensa a una partita singola, ma è l'unico che un giocatore razionale prende in considerazione.

avendo fornito il teorema di esistenza. Tra l'altro, è interessante notare che in un gioco con molte strategie a disposizione per i giocatori, calcolare quelle di maxmin e minmax è praticamente impossibile a mano. Ma il problema può essere riformulato in un problema equivalente di programmazione lineare, per il quale esistono metodi potenti di risoluzione. Il primo e più celebre di questi è il metodo del simplesso, sviluppato da Dantzig su suggerimento di von Neumann, che era interessato alla sua ideazione soprattutto per risolvere giochi... un bell'esempio di "cooperazione" scientifica fra due settori affini, che beneficiano l'uno delle idee dell'altro.

Ma torniamo a noi. Storicamente, a questo punto la teoria della razionalità matematica subisce una stasi. Modellizzare il gioco strettamente competitivo non è stato in definitiva troppo difficile, perché è nella natura della competizione il fatto che la cooperazione non porti benefici ai giocatori; è la possibilità della collaborazione che complica il quadro. Nello stesso tempo, limitarsi a considerare solo giochi di questo tipo è davvero limitativo, perché sono tante le situazioni concrete, non solo in economia, in cui se i giocatori si comportano in un certo modo ne hanno *tutti* un beneficio.

È dunque necessario sviluppare qualche nuova idea. Nei primi anni 40, von Neumann e Morgerstern pubblicano un libro di teoria dei giochi, in cui si prevede esplicitamente la possibilità della collaborazione fra giocatori. Nasce un modello che prevede un insieme N di giocatori e che associa a ogni sottoinsieme A di N, che rappresenta una coalizione fra giocatori, il guadagno massimo che i giocatori di A possono ottenere globalmente collaborando; a partire da questi dati definiscono poi un concetto, francamente piuttosto complicato, di soluzione del gioco stesso[31].

** La soluzione di un gioco cooperativo è direttamente una distribuzione di utilità fra i giocatori, senza la specificazione delle mosse che i giocatori dovrebbero fare per arrivare a determinare tale distribuzione. Forse, il fatto che questa soluzione appaia un po' "calata dall'alto", spiega perché la teoria cooperativa abbia meno popolarità, fra gli economisti, rispetto a quella non cooperativa, di cui parleremo fra un attimo.

Sebbene il contributo di von Neumann–Morgerstern sia stato subito riconosciuto come fondamentale per le scienze sociali[32], di fatto la sua applicabiltà si rivela piuttosto limitata, soprattutto a causa della sua complessità. Inoltre, l'idea di gioco cooperativo si è rivelata poco naturale da utilizzare in certi modelli, soprattutto in economia, biologia, psicologia, nonostante siano stati elaborati altri numerosi concetti di soluzione, in generale più naturali e praticamente utilizzabili che non l'idea di soluzione di von Neumann Morgerstern.

C'è insomma bisogno di un'idea nuova. Che arriva per merito di J. Nash.

Il modello non cooperativo di Nash

Siamo agli inizi degli anni '50, quando un giovane, promettente, stravagante matematico, studente a Princeton, propone nella sua tesi di dottorato un modello *alternativo* a quello di von Neumann[33]. Si tratta del cosiddetto modello di gioco non cooperativo, in forma strategica. Naturalmente, il modello prevede anche un' idea di equilibrio, che gli economisti cominciano a chiamare equilibrio di Nash, e che rapidamente diventa il nuovo paradigma della razionalità. In altre parole, solo un equilibrio di Nash ha il requisito di essere un esito razionale del gioco.

Due osservazioni: la prima, e più importante, è che un equilibrio è una *coppia* di strategie, una per ogni giocatore. In altre parole, una certa mossa per me potrebbe essere razionale se chi gioca con me sceglie una mossa particolare, ma non esserlo più affatto se l'altro cambia strategia. La situazione è ben diversa da quella dei giochi a somma zero, in cui ogni giocatore fa l'operazione che gli

---

[32] Spesso la data di uscita del loro libro *Theory of Games and Economic Behaviour*, 1944, viene convenzionalmente presa come la data d'inizio della teoria stessa dei giochi.

[33] Persino nella Princeton di allora, dove c'erano personaggi del calibro di Einstein e Gödel, tanto per citare un paio di nomi, von Neumann godeva di un prestigio e di un carisma particolari: solo una persona dell'intelligenza e del coraggio (arroganza?) intellettuale di Nash poteva avere il coraggio di proporre un modello nuovo ed alternativo che, infatti, non fu molto apprezzato da von Neumann stesso.

compete (maxmin o minmax) senza badare all'altro (naturalmente avendo però fatto su di lui l'ipotesi di razionalità, quindi una congettura sul suo comportamento): in ogni caso la coppia formata dalle strategie così determinate forma un equilibrio. La seconda, meno importante, è che sono un po' brutale a definire l'equilibrio di Nash come il nuovo paradigma della razionalità, e forse alcuni potrebbero obbiettare a questa mia affermazione. Non importa, la mantengo lo stesso, perché mi sembra comunque accettabile, e perché mi piace sollevare obbiezioni. Ricordo comunque che ben cinque esperti di teoria dei giochi hanno vinto il premio Nobel per l'economia e nella motivazione dell'assegnazione del premio per quattro di loro è menzionato un contributo significativo sul tema dell'equilibrio di Nash.

Un grande numero di lavori, e non solo in economia, utilizzano il modello di Nash e la sua idea di equilibrio. Incidentalmente, tra gli autori di questi lavori *non* figura Nash stesso che, finita la sua tesi di dottorato, si è dedicato allo studio di problemi matematici completamente diversi.

È il momento di definire allora che cosa sia per Nash un gioco non cooperativo in forma strategica e l'equilibrio associato. Il gioco (a due giocatori) è definito dall'insieme dei seguenti quattro oggetti: $(X, Y, f : X \times Y \to \mathbb{R}, g : X \times Y \to \mathbb{R})$. Un equilibrio di Nash è una coppia $(\bar{x}, \bar{y}) \in X \times Y$ tale che:

- $f(\bar{x}, \bar{y}) \geq f(x, \bar{y})$ per ogni $x \in X$
- $g(\bar{x}, \bar{y}) \geq f(\bar{x}, y)$ per ogni $y \in Y$.

Una rapida spiegazione del significato del modello. X e Y rappresentano gli spazi delle strategie dei due giocatori (in tutti gli esempi precedenti erano dati da righe o colonne di una matrice o bimatrice), f e g sono le funzioni di utilità dei due giocatori. Il fatto che f dipenda anche dalla variabile y, che è in mano al secondo giocatore, indica che il risultato finale del primo dipende anche dalle scelte del secondo. E viceversa, naturalmente. Come si può spiegare a parole l'idea di equilibrio di Nash? Supponiamo che la coppia $(\bar{x}, \bar{y})$ sia proposta ai due giocatori, per esempio da una terza persona, e che sia un equilibrio. Il primo giocatore ha interesse a cambiare il suo comportamento, cioè a non implementare $\bar{x}$? La risposta è no, perché, dando per scontato che il secondo scelga $\bar{y}$, egli ottiene il massimo per sé proprio giocando $\bar{x}$. E analogamente per il secondo. Insomma, ognuno massimizza la propria funzione di utilità, *dando per scontato che l'altro si comporti come prescritto*.

Non sto qui a discutere pregi e debolezze del concetto di equilibrio di Nash: mi limito a osservare che appare chiaro, anche dalla spiegazione a parole, che ogni giocatore deve fare ipotesi forti sul comportamento dell'altro, ben più forti che nel caso a somma zero. In particolare, in presenza di più equilibri di Nash, senza comunicazione fra i giocatori è impossibile essere sicuri che i due in pratica raggiungano un equilibrio, perché potrebbero avere in testa equilibri differenti[34].

Ho dunque esposto la mia visione su come tratta la razionalità la teoria dei giochi, almeno nella sua visione classica. In sintesi, sono partito enunciando un ipotesi di partenza molto debole, che si chiama eliminazione delle strategie debolmente dominate. Il suo utilizzo però porta a prevedere l'esito di un gioco solo raramente: anche se può capitare di poter eliminare certi comportamenti evidentemente poco intelligenti, in genere poi rimangono molte mosse a disposizione, nessuna delle quali dominata da altre. Abbiamo allora provato a vedere se si può dare qualche nozione di razionalità più efficace nel caso dei giochi a somma zero, per poi passare alle situazioni più generali, con l'introduzione del fondamentale concetto di equilibrio di Nash. A questo punto, viene spontaneo tornare al punto di partenza, cioè al famoso dilemma del prigioniero, utilizzando gli strumenti un po' più sofisticati (essenzialmente il modello di Nash) sviluppati nel frattempo.

Ma basta un attimo per convincersi che ciò che avevamo trovato eliminando la strategia dominata, e che è socialmente inefficiente, è un equilibrio di Nash! Anzi, è l'unico equilibrio di Nash, come del resto succede sempre quando c'è una coppia di strategie dominanti (strettamente). E non potrebbe essere diversamente! È infatti evidente che le strategie dominanti hanno una proprietà ben più restrittiva che non un semplice equilibrio di Nash: per

---

[34] Un altro esempio particolarmente famoso: se due persone vogliono passare la serata assieme ma uno preferisce il cinema e l'altra il teatro, le situazioni di equilibrio sono ovviamente di andare al cinema o a teatro assieme (visto che vogliono stare assieme!), ma senza un accordo preventivo può ben succedere che si rechino in posti diversi.

implementare una strategia dominante non ho bisogno di sapere ciò che fa l'altro, visto che dominante significa esattamente che è la scelta migliore, qualunque cosa faccia l'altro!

Dunque il dilemma del prigioniero continua a rimanere un dilemma, appunto. Tuttavia, una nuova teoria ci permette quasi sempre, se valida, di avanzare nella comprensione delle cose. Accade puntualmente anche per noi. Torniamo allora un attimo alla Princeton degli anni '50. Alcuni studiosi obbiettarono a Nash che, nel corso di esperimenti fatti con gli studenti ed i docenti di Princeton, si poteva osservare spesso, anche se non sempre, che la scelta effettuata giocando il dilemma del prigioniero *non* era quella prevista dalla teoria, che porta a un risultato individualmente razionale ma globalmente inefficiente. Il che sembra in qualche modo invalidare, o almeno indebolire, il suo modello di razionalità. La replica di Nash, magari frettolosa visti i suoi mutati interessi, che l'esperimento fatto non rientrava nel modello da lui inventato, in quanto *ripetuto*, si è a posteriori rivelata corretta.

È chiaro che, come accennavo prima, un modello è interessante quando si pensa che la situazione che descrive si possa ripetere. E dunque vale la pena considerare e matematizzare una situazione che tenga conto del fatto che un gioco potrebbe essere giocato più volte, fra gli stessi avversari.

La matematica coinvolta in questi nuovi modelli è troppo complicata per essere spiegata qui. Dunque mi limiterò a cercare di enunciare in poche imprecise parole il risultato che viene citato come *folk theorem*: sotto certe ipotesi, se il gioco viene ripetuto un numero infinito di volte, oppure un numero finito ma ignoto di volte, ed i giocatori sono sufficientemente pazienti, la strategia di collaborare è uno degli equilibri possibili del nuovo gioco generalizzato.

Dunque, semplificando un po' le cose, si può dire che siamo ora in grado di spiegare perché persone intelligenti e razionali possono assumere un atteggiamento cooperativo nel giocare il dilemma del prigioniero, anche se la teoria prevede diversamente: si può infatti ipotizzare che, almeno inconsciamente, stiano pensando di giocare un gioco ripetuto.

Concludo mettendo l'accento su un aspetto suggestivo dei risultati precedenti: se due persone giocano il dilemma del prigioniero un numero arbitrario, ad essi *conosciuto*, di volte, allora non c'è nulla da fare, solo la non collaborazione è un comportamento razionale, e quindi il risultato è socialmente inefficiente. Ma se c'è una *mancanza* di informazione, perché non si sa qual'è l'ultimo volta che il gioco viene giocato, allora collaborare può diventare un comportamento razionale. Suona paradossale, ma non lo è: l'evoluzione *sfrutta* la mancanza di informazione per ottenere risultati globalmente più convenienti di quelli ottenibili in caso di informazione perfetta. Non a caso ho usato la parola "evoluzione", che richiama il mondo animale. Ha senso, per gli animali, parlare di razionalità? Il problema è profondo. Senza minimamente provare a farne un introduzione, mi limito ad affermare che la teoria dei giochi è stata ampiamente applicata allo studio del comportamento animale. E con risultati interessanti. Per cui è possibile, secondo me, affermare che anche gli animali possiedano un'idea di razionalità. Naturalmente, non è cosciente. Se dunque ci rifacciamo al significato etimologico della parola razionalità, ebbene ci pare difficile che gli animali facciano connessioni e rapporti fra concetti, fra causa ed effetto ecc. Ma se alla parola diamo un significato più lato, definendo razionale un comportamento che porta vantaggio degli agenti (all'individuo, al gruppo, alla specie), ebbene il comportamento animale può essere studiato efficacemente all'interno di un'assiomatica di razionalità.

Tornando, per concludere, da dove siamo partiti, cioè al dilemma del prigioniero[35], sono state studiate situazioni fra animali interagenti, che erano modellizzabili come dilemma del prigioniero[36] con molti partecipanti. Di solito, gli studiosi osservano un comportamento cooperativo, che produce quindi efficienza di gruppo (branco, specie ecc), e che può essere individualmente razionale

---

[35] È il momento di dire perché si chiama così: la storiella racconta che due sono sospettati di aver commesso un grave crimine. Il giudice, avendo poche prove evidenti, fa loro il discorso seguente: se confessate, vi fate 7 anni di galera entrambi; se uno confessa e l'altro no, il collaboratore di giustizia è libero, l'irriducibile si prende le aggravanti, diciamo 10 anni di galera. Infine, se non confessate, temo di non aver prove sufficienti per condannarvi, ma trovo il modo di affibbiarvi una pena più lieve, per altri motivi, tipo evasione fiscale: un anno di galera. Provate a scrivere la bimatrice corrispondente.

[36] Le più carine, con certi pesci chiamati spinarelli, e con i pipistrelli vampiri.

48   Razionalità tra giochi e filosofia

perché il gioco è ripetuto. Si può dunque ipotizzare addirittura
che la collaborazione possa essere una specie di messaggio *genetico* trasmesso di generazione in generazione, soprattutto come
strumento di salvaguardia della specie.

Il viaggio da me immaginato sul cammino della razionalità in
teoria dei giochi finisce qui, anche se naturalmente non finisce affatto per la teoria stessa, che è alla continua ricerca di raffinamenti
e generalizzazioni di quanto finora raccontato in questo capitolo.
Ma i successivi sviluppi sono troppo complicati per esporli in un
libro per non addeti ai lavori. Mi limito allora a ricordare forse
l'aspetto più interessante, che è lo studio di situazioni in cui le
informazioni dei giocatori sono parziali e/o asimmetriche.

Vorrei concludere dicendo che ho tentato di presentare le cose
mettendo in evidenza le luci dell'approccio matematico alla teoria
della razionalità. Una teoria che solleva questioni molto delicate,
se non veri e propri paradossi. Ne abbiamo avuto un assaggio
parlando del dilemma del prigioniero, ne vedremo anche altri nel
prossimo capitolo. Termino il capitolo con un paragrafo finale che
riprende i tre famosi esempi presentati all'inizio.

I tre esempi rivisitati

Dopo aver fatto una veloce carrellata sull'idea di razionalità in
matematica abbiamo ovviamente la curiosità di riprendere i tre
esempi che avevamo considerato all'inizio del capitolo. Cominciamo dal primo, che ho chiamato *beauty contest*. Innanzi tutto,
spieghiamone il nome. Che deriva da un'osservazione di Keynes,
il famoso economista, a proposito di certi concorsi, molto famosi
al tempo in cui scriveva. Alcuni giornali pubblicavano le foto di
belle ragazze (ecco da dove arriva il nome di concorso di bellezza),
proponendo al lettore di votare quella che si presumeva sarebbe
stata considerata dalla maggioranza la più bella di tutte. L'osservazione di Keynes era che il primo impulso, quello di votare la
donna che ci piace di più, è molto ingenuo. In realtà, occorrerebbe
votare quella che presumiamo sia la donna che piace di più, per
esempio in Francia Monica Bellucci. Ma anche questa congettura
non è corretta: si dovrebbe in realtà votare colei che riteniamo che
la maggioranza ritiene sia la più bella per la maggioranza... ma

anche questo non basta, ed è chiaro che tutto ciò porta ad un processo di regressione infinita.

Lo stesso accade nel gioco descritto nell'Esempio 1. Che senso avrebbe votare un numero maggiore di $\frac{2}{3} = 66$, visto che la media non può ovviamente essere più di 100? Nessuna persona ragionevole scriverà un numero maggiore di $\frac{2}{3} \times 100 = 66$.

Siccome siamo presumibilmente in un mondo di persone razionali, possiamo dedurne facilmente che tutti faranno il nostro stesso ragionamento, per cui nessuno scriverà sul biglietto numero maggiore di 66. Perché allora noi dovremmo scrivere un numero maggiore di $\frac{2}{3} \times 66$? Ma naturalmente anche gli altri fanno questo ragionamento... non ci vuole molto a capire che il comportamento razionale, e l'ipotesi che anche gli altri siano razionali, ci impongono di scrivere 1 sul famoso bigliettino.

Scrivendo uno non vincerete mai. Provate pure, se vi capita. Ma, a meno che non siate in un gruppetto molto piccolo e molto attento di persone, potete scommettere quel che volete che nessuno scriverà mai zero. E con buona ragione.

Vediamo ora di fare qualche considerazione sull'asta per un dollaro. L'asta ha più successo in un ambiente giocoso e scherzoso piuttosto che asettico, meglio una festa piuttosto che un'aula. Tuttavia, anche durante una conferenza, potete riuscire a innescare un'asta fra i presenti, magari sollecitando qualche malcapitato a fare le prime offerte. L'asta parte e procede spedita fino a un primo rallentamento, che si ha, guarda caso, quando le offerte arrivano verso i 50 euro: i presenti capiscono che il banditore ha comunque fatto un affare... Le offerte in ogni caso continuano: chi ha offerto 49 e ha avuto una contro offerta di 50, anche se arrabbiato perché capisce la presa in giro, offre 51 altrimenti perderebbe i suoi 49 euro.

In genere rimangono in due a fare rilanci, che si susseguono fino al momento in cui si osserva un secondo rallentamento. Che avviene, manco a dirlo, a fronte di offerte attorno ai 95 euro. quando i duellanti cominciano ad intuire di essere in trappola; tuttavia persino un'offerta di 101 è giustificata dal fatto che se si abbandona a 99 si perdono i 99 euro, mentre se si rilancia a 101, vincendo se ne paga uno solo.

Ora intervengono altri fattori e le cose possono andare in diversi modi. Gli esperimenti mostrano che l'asta finisce a condizioni insensate. La media dell'offerta vincente è di solito di circa 350 euro, il che permette quindi al banditore di ottenere più o meno il 700% del capitale investito!

La *one dollar auction* non è solo la pensata un po' sadica di un esperto di teoria dei giochi. Al contrario, viene presa a modello di una situazione che, sia in natura sia nelle relazioni tra agenti, non è poi così inusuale. Si tratta della tipica situazione di una battaglia senza esclusione di colpi, in cui il vincitore paga un prezzo sproporzionato rispetto al premio che ottiene, e lo sconfitto paga un alto prezzo per una battaglia che non frutta nulla. Un esempio in natura: la lotta sanguinaria tra due maschi che si contendono un territorio. Spesso anche chi mette in fuga, o uccide, il rivale, riporta gravi ferite. Un esempio standard preso invece dalla politica è quello di lotte sindacali feroci, in cui chi perde ha perso anche la credibilità, e chi vince ha ottenuto molto meno di quel che ha dovuto pagare. Spesso, viene citata la lotta della Tatcher con i minatori inglesi. I sindacati hanno perso la battaglia, l'Inghilterra ha vinto la battaglia, ma ha perso le miniere.

Infine, *l'ultimatum game*. Dobbiamo capire quanto offre, dei 100 euro, Francesca a Silvia, e che cosa Silvia risponde. La risposta della teoria dei giochi ci è molto chiara: l'induzione a ritroso mostra chiaramente che Francesca propone a Silvia 1 euro e che lei accetta la proposta. Il perché, a posteriori, si capisce anche senza appellarsi all'induzione a ritroso. Uno è meglio di zero, e quindi Silvia non può rifiutare nessuna offerta.

Questo gioco è tanto celebre quanto semplice. In effetti, è proprio la sua semplicità a fare la sua fortuna. È facile fare esperimenti con l'ultimatum game. La sua struttura è così essenziale, che si adatta a fare esperimenti, non solo fra persone selezionate a caso, ma anche fra persone che vengono fatte giocare contro il computer (ovviamente la persona gioca sempre come Silvia); in realtà anche la tecnologia è intervenuta massicciamente in queste sperimentazioni, dal momento che sono stati fatti esperimenti in cui venivano osservate le reazioni *cerebrali* delle persone, per mezzo della risonanza magnetica nucleare funzionale (fmri). Osservazioni che si fanno, lo dico per chi non lo sapesse, per mezzo di un'apparecchiatura abbastanza minacciosa, con cui è possibile monitorare le reazioni del cervello a certi stimoli, e che è ampiamente usata in medicina a scopi diagnostici. Il paziente viene immesso in una specie di sarcofago (che spesso provoca senso di claustrofobia, ma il cui uso non dà nessun tipo di dolore al paziente), mentre su uno schermo si possono osservare le sue reazioni cerebrali a certe sollecitazioni.

Nel caso dell'ultimatum game, si osserva che una certa parte del cervello, la *arterior insula*, viene attivata di fronte a proposte giudicate troppo basse e quindi inique. Un'altra parte del cervello, la *dorsolateral prefrontal cortex*, viene invece attivata dalla parte razionale del cervello, che induce ad accettare un offerta che comunque qualcosa fa guadagnare.

Si potrebbero fare molte considerazioni a questo proposito. Intanto, c'è comunque da osservare che questi studi non sono esenti da critiche. È chiaro che questa è sperimentazione di frontiera, che lo stesso tipo d'esame rischia di influenzare il paziente, o il giocatore che dir si voglia, che i dati sono troppo pochi, dal momento che un apparecchio per la risonanza magnetica funzionale non si trova agli angoli delle strade e che è ovviamente difficile utilizzarli al di fuori dell'ambito medico-diagnostico.

Tuttavia, c'è forse un'obbiezione più sostanziale e delicata. Nel gioco dell'ultimatum, diamo per scontato che l'utilità dei giocatori coincida esattamente con il valore monetario che ricevono. Questo è abbastanza arbitrario. È evidente che ci sono altri aspetti che giocano un ruolo fondamentale nella nostra psiche. Per fare un esempio, io credo che di fronte a un offerta di un euro da parte di chicchessia, potrei decidere di essere soddisfatto di far pagare l'ingordigia o la sicumera di chi mi fa un'offerta così bassa. Ma cambiamo un attimo le cifre, cosa che dal punto di vista della fredda analisi della teoria non cambia di una virgola il risultato. Supponiamo che al mio opponente siano offerti 10.000.000 di euro, a condizione che me ne offra almeno 100.000. Potrei essere arrabbiato, ma non credo che rifiuterei una tale offerta solo per dare una lezione qualcuno. E vorrei conoscere chi lo farebbe...

Non voglio discutere troppo sulle implicazioni di quello che ho raccontato in questo capitolo. Penso sia più interessante lasciare a ciascuno le sue conclusioni. Io faccio solo un breve commento. È chiaro che stiamo parlando di utilizzo della matematica in un ambito assai complesso. Cercare di descrivere tramite equazioni fenomeni fisici e/o chimici è naturalmente una questione che si pone su piani molto differenti rispetto al tentativo di descrizione del comportamento umano: nonostante tutti i progressi non credo che riusciremo mai a rendere il comportamento degli esseri viventi scientificamente comprensibile e prevedibile con molta accuratezza. Il che, tra l'altro, non è certo una constatazione che debba mettere tristezza, tutt'altro. Per cui la teoria matematica dei giochi non potrà mai essere una teoria predittiva e descrittiva che ha l'accuratezza di una teoria fisica. Ma di qui a sbrigativamente liquidarla come una teoria tanto elegante quanto poco applicabile ce ne corre. Secondo me, e non solo secondo me, ha l'enorme merito di descrivere come *dovrebbe essere* il comportamento ottimale delle persone in determinate situazioni. Il fatto poi di osservare che persone anche "educate" prendano spesso decisioni che si discostano da quanto prescriverebbe la teoria, non prova che la teoria della razionalità matematica sia campata in aria, prova semplicemente che le persone non sono fatte solo di razionalità. Ed è al contempo estremamente utile avere uno strumento che ci permetta in qualche modo di osservare quanto il comportamento possa discostarsi da quello predetto dalla teoria. Il merito enorme della teoria dei giochi è appunto quello di dare un modello concreto di ciò che potrebbe essere definito comportamento ottimale. Altri poi cercheranno di capire i motivi profondi per cui spesso ci allontaniamo da tali comportamenti.

Parlerò ancora di giochi, mettendo soprattuto in evidenza altri aspetti paradossali messi in luce dalle definizioni di razionalità proposte. Parlerò anche di due dei padri riconosciuti di queta teoria, von Neumann e Nash.

Intermezzo 2

Difficile trovare matematica in questo pezzo semiserio (in realtà
molto serio) del libro. Potrei forse sostenere che il calcio è un gioco, e in questo libro si parla anche di teoria dei giochi, ma sarebbe
scorretto. La teoria dei giochi potrebbe spiegare perché certe strategie di un presidente non siano efficaci, ma non c'entra nulla con
una partita giocata. Come ogni sport, soprattutto di squadra, il
calcio è una forma simbolica potente di un meccanismo che ogni
giorno affrontiamo nelle nostre vite, ed è per questo che appassio-
na persone in tutti gli angoli del mondo. Non a caso, si chiama
"gioco" del calcio e, ormai dovrebbe essere chiaro a tutti, il gioco
è la cosa più seria che ci sia. A proposito, se capita che qualcuno
legga queste righe e sia contemporaneamente appassionato di calcio, sono sicuro che troverà delle inesattezze, se non proprio degli
errori, in quel che dico.

Grifone

Non importa, la sostanza per me non cambia, la mia mente si
è *costruita* questo pezzettino di storia, e per lei questo è quel che
è successo.

Grazie Grosso

Rivera, 1970, stadio Azteca, non ricordo a che minuto del secondo
tempo supplementare, ricordo bene la faccia di Albertosi per il
non intervento dell'abatino sulla linea di porta. Ma poi lui, Rivera
voglio dire, seguendo Boninsegna, che non aveva ancora finito le
energie, e che trascina il pallone in avanti, riceve il passaggio,
e tira, prendendo in contropiede il portiere, e ti è chiaro che il
pallone finirà dentro, appena è sfiorato dal suo piede. Finirà così,
e chi se lo sarebbe immaginato dopo che Müller aveva segnato il
2 a 1? Infatti, i genitori avevano abbandonato la televisione, ma
noi giovani, più ottimisti, eravamo rimasti lì, davanti allo schermo
in bianco e nero, per richiamarli poi con le nostre urla al gol di
Burgnich...

Passano gli anni, arriva un settantotto in cui giochiamo le fasi
iniziali in maniera travolgente. La più bella nazionale che abbia
mai visto. Lezioni a tutti, compresi gli spocchiosi Argentini, favo-
riti dai bookmakers, e non solo, perché giocano a casa loro. Ma
con quel Paolo Rossi, e la novità Cabrini... Purtroppo, siamo partiti troppo forti, e arriviamo scoppiati. A parte il fatto che i due
gol che ci hanno buttato fuori non li prenderemo mai più in quella
maniera. Due tiri così da lontano, due traiettorie così poco proba-
bili[37]. Nell'ottantadue, il *vecio* ha imparato la lezione. Un girone
eliminatorio da vergognarsi. La critica, incompetente come sempre, in subbuglio. I tifosi, non ne parliamo. Tuttavia, partire così
male in realtà ci ha fatto risparmiare energie, per cui travolgiamo
in sequenza Argentina e Brasile (con l'aiuto di Gentile che mena
chiunque si avvicini all'area) e arriviamo in finale con un crescen-
do così travolgente che per loro non c'era la minima speranza,
nemmeno dopo il rigore sbagliato da Cabrini.

---

[37] Forse, anche un portiere con qualche problemi di vista. Ma nessuno
è perfetto, e lui è stato comunque un grande, decisivo quattro anni
dopo. Chi non ricorda la parata su colpo di testa di Socrates, a una
manciata di secondi dalla fine?

Siamo riusciti a vincere con una squadra che ha vinto *solo* le quattro partite che contavano. Prima e dopo, una pena. Ma chi se ne importa? Abbiamo battuto i tedeschi, che si tengano pure le loro stucchevoli battute su pizza, mafia, spaghetti...

Quest'anno però non è facile. A casa loro, e poi la legge dei grandi numeri, che non c'entra nulla, proprio nulla, ma che è così alla moda invocare. La paura di un'estate a incontrarli ad Albarella, con le loro facce scottate, i sandali così brutti che non capisci dove li trovino, e l'aria di dire che comunque loro sono sempre *über alles*.

Che possiamo fare? Insomma, affidiamoci a Lippi, l'unica cosa che uno possa mai aver invidiato a una squadra che si chiama *Sampdoria*.

Due tempi, 90 minuti, di studio. Noi né troppo bene né male. Poi, arrivano ineluttabili i supplementari. La squadra comincia a girare davvero. Il palo di Gilardino, un segno di forza, ma positivo (siamo più forti) o negativo (prevale la sfiga)? Subito dopo, la traversa di Zambrotta... Ma allora questa è davvero sfiga[38]! Ecco il famoso *spettro* dei rigori che si avvicina.

Invece no! A un minuto dalla fine, dal magico piede di Andrea Pirlo, che è da quattro anni che corre in un campo di calcio anche di notte, arriva quel cross, seguito da quel tiro in mezza rovesciata. Una traiettoria perfetta, una curva impossibile anche per un portiere che è andato a fare il fenomeno in Inghilterra dopo tutte le pernacchie prese a San Siro. A noi basta così, ovviamente, un delirio di felicità, anche se già immaginiamo, noi più vecchi, le solite solfe che sentiamo da quella notte dell'Azteca. La solita italica fortuna, l'infortunio che blocca la spalla di Beckenbauer. Che cosa inventeranno stavolta. E chi se ne frega!

Ma si può fare di meglio.

Ecco Cannavaro partire, con Totti che lo affianca e quasi gli ruba la palla dai piedi. Per lanciare Gilardino, che avanza, difende la palla, sembra voler prendere tempo. Intanto, il tuo occhio intravvede arrivare sulla sinistra Del Piero, ed in quel momento capisci tutto, lo capisci prima che accada. Il Gila gli passerà la palla, e lui, Del Piero, stavolta non sbaglia. Non la sbaglia, uno

---

[38] Parola accettabile, visto che il correttore automatico non protesta.

della sua classe, una palla che oltre a tutto non è decisiva, per cui può tirare senza pressione. Alla faccia di tutto quel che si è mangiato nel passato, gli Europei del 2000 bruciano ancora.

Un'altra curva perfetta. Ora, non possono davvero dire nulla, è finita, persino zio Bergomi emette qualcosa che sembra un urlo, mentre uno della Gialappa's esprime simpatia per una giovane tedesca sul cui viso scendono lacrime silenziose, per poi uscire con una italianissima, elegantissima, riuscitissima pernacchia che vale tutte le mafie che questi stupidi (quando fanno certi discorsi, s'intende) si ostinano a evocare parlando dell'Italia[39].

C'è ancora la finale però, con la Francia. Mi aspettavo il Brasile, a dire il vero. D'accordo, hanno cominciato giocando malissimo, ma avete visto che nomi, ragazzi? D'accordo, con i nomi da soli non si vince, ma con una squadra così... uno pensa, se non gira Ronaldinho allora gira Kaka, se non funzionano loro capiterà pure che indovini qualcosa Adriano, nonostante la cura ricevuta quest'anno in casa Inter. E invece no, arrivano loro, forti come da qualche anno e tronfi come non mai. A proposito, a me i francesi, a differenza della maggior parte degli italiani, sono molto simpatici; in Francia vado spesso, e ci sono stato, benissimo, anche per periodi abbastanza lunghi. Hanno, da qualche tempo, una squadra di calcio forte. E questo è molto strano, perché di calcio non capiscono nulla, basta ascoltare un discorso di Platini. Loro sono fatti per il rugby, questo sì che lo sanno giocare.

Però sono forti e, pur senza riandare a tempi come Messico '86, ci battono sempre. Non solo quando lo meritano (Francia '98, due supplementari che giochiamo da pusillanimi, l'unica volta che ci si muove Baggio prende un palo, Maldini non ti sei accorto che erano cotti, non potevi osare qualcosa?). Loro ci hanno battuto anche rubando, come agli Europei 2000, quasi a riprendersi, loro, tutte le fortune che noi abbiamo avuto con l'Olanda in semifinale.

Non posso sopportare l'idea di essere ancora una volta preso in giro da incompetenti. Ci vuole qualcosa di speciale stavolta.

Un sogno. Una vittoria ai supplementari, anzi ai rigori. Magari dopo una partita in cui loro hanno meritato più di noi. Magari dopo che sono stati in vantaggio.

---

[39] In questo, facendo la gara a chi è più stupido con gli Inglesi.

Ecco, così sarebbe davvero perfetto.

Aveva ragione Emanuele quando, ben più di un anno fa, mi ha detto che avremmo vinto i mondiali. Io, razionale, dicevo: non contro il Brasile di oggi. E invece, che si tengano Ronaldinho e Kaka[40], io mi tengo Materazzi e Perrotta.

Grazie Grosso, grazie Lippi, grazie tutti, da Cannavaro ad Amelia.

---

[40] Se però uno dei due volesse venire al Genoa, non avrei obbiezioni sostanziali, potrei anche essere contento.

Giochi e dilemmi

Nel capitolo precedente ho parlato di come la matematica, per mezzo della teoria dei giochi, affronta l'idea filosofica di razionalità. Tale teoria non è però nata né con lo scopo di aiutare la filosofia a chiarirsi le idee, e nemmeno con quello di spiegare come giocare in maniera efficiente. Le sue applicazioni sono davvero notevoli, ne accenno brevemente il motivo.

La teoria dei giochi oggi viene dagli addetti ai lavori chiamata piuttosto *teoria delle decisioni interattive*, nome forse più preciso, certo molto meno accattivante, ma che dà meglio l'idea che la teoria si occupa di cose molto serie e molto importanti.

Come spesso mi piace osservare, la categoria più seria al mondo è sicuramente quella dei bambini e che fanno principalmente i bambini? Giocano, appunto! Perché giocano? Non certo solo per passare il tempo. Lo fanno perché il gioco è al tempo stesso il modello *più semplice* e allo stesso tempo *più potente* di quelli che sono i meccanismi della vita, per quanto riguarda le relazioni con la natura e con gli altri. In altre parole, i bambini, giocando, *si allenano* per affrontare la vita.

Esattamente con la stessa motivazione, gli scienziati hanno cominciato a studiare, in maniera sistematica, la teoria dei giochi. Partendo appunto dalle situazioni apparentemente più semplici, ma con l'idea che questo avrebbe potuto allo stesso tempo portare luce sui meccanismi profondi del nostro pensare e del nostro agire, e conseguentemente aiutarci a comportarci più efficacemente, sia come individui, migliorando il nostro benessere, sia come specie.

Forse questo che sto dicendo può sembrare ironico a chi sa che le prime applicazioni di teoria dei giochi sono stati in campo militare, che non è esattamente il campo che sembra più dedicato allo studio del benessere di individui e nazioni. Forse non dovremmo stupirci troppo se questa disciplina ha avuto le prime applicazioni in un settore che psicologicamente è vitale per l'essere umano, e cioè la sua difesa/incolumità (come singolo e come nazione). Che poi questa sia troppo spesso una scusa di singoli e nazioni per scaricare aggressività è altrettanto vero... In ogni caso comunque per fortuna le attuali applicazioni della teoria sono in campi ben meno sinistri che non quelli militari.

Tutto questo spiega l'importanza di una tale teoria, ma non ancora il suo fascino. Per esperienza, so che parlare di queste cose interessa sempre moltissimo, certamente di più di altre parti della matematica che conosco, ma che non provo nemmeno a raccontare, sapendo o immaginando benissimo che tipi di reazioni provocherei in chi mi ascolta.

Il capitolo precedente ci ha fatto vedere che una parte del fascino di tale teoria sta nel fatto che ha implicazioni filosofiche: già questo può rendere curiosi. Ma c'è molto di più.

Non so se accade anche a voi, ma a me di solito piace tutto ciò che è sorprendente, inaspettato, paradossale. Non credo di essere troppo anormale, in questo. Come spiegare altrimenti il fatto che paradossi, dilemmi e antinomie sono spessissimo molto celebri, e fanno parte di ogni cultura? Zenone è molto più noto di altri filosofi suoi contemporanei, per aver provato a convincerci con un ragionamento logico che una freccia lanciata contro un bersaglio non potrà mai raggiungerlo, oppure che Achille non può raggiungere la tartaruga, se le concede un certo vantaggio all'inizio. Un altro celebre paradosso, quello del cretese che afferma "i cretesi mentono" è un esempio di frase celeberrima e parecchio utilizzata nei contesti più vari. Io credo che dietro a tutto questo ci sia il fatto che la curiosità è una caratteristica umana fondamentale, che è necessaria per spingerci alla conoscenza, la quale a sua volta è la dote che la natura ci ha dato per proteggere e potenziare la nostra specie. La curiosità, a sua volta, è attivata moltissimo da tutto quanto stupisce. Provate a cercare di attirare l'attenzione di persone molto occupate. Il modo più efficace di catturare il loro interesse è di dire qualcosa di (vero e) inatteso. Questo naturalmente si applica in modo particolare alle scienze. Ogni ricercatore è molto più contento quando riesce a ottenere un risultato *diverso* da quello che si aspetta, piuttosto che dimostrare un fatto che tutti ritengono verosimile. Naturalmente questo non vale per problemi celebri come quello dell'ultimo teorema di Fermat, ma anche in questo libro abbiamo visto o vedremo che teoremi come quello di Gödel o di Arrow hanno un effetto davvero dirompente, proprio perché vanno in una direzione molto diversa da quella che ci si aspettava, o si sognava.

La teoria dei giochi propone, in modo molto semplice, paradossi e dilemmi, che permettono di fare riflessioni non banali su questioni filosofiche e/o psicologiche importanti, o su come funzionano certi meccanismi psicologici profondi degli individui. Ecco perché suscita la curiosità anche di persone che tendono a evitare tutto ciò che è matematico.

Allora, seguendo il filo del racconto del capitolo precedente, ecco alcuni aspetti forse sorprendenti e alcuni spunti di riflessione se non veri e propri rompicapo, che la teoria propone fin dall'inizio.

Eliminazione delle strategie dominate

Cominciamo a vedere alcuni effetti della prima regola che avevamo utilizzato, che avevamo chiamato eliminazione delle strategie dominate, che suonava così:

Un giocatore non sceglie l'azione x, se ha a disposizione una scelta z che gli permetta di ottenere di più, qualunque siano le scelte dell'altro (o degli altri) giocatore.

Partendo da questa semplice premessa, poniamoci qualche quesito.

Il primo, apparentemente molto banale, è il seguente:

È meglio il più o il meno?

Supponiamo che Sandro debba decidere di fare una certa politica nella sua azienda, e che il suo scopo sia di massimizzare i profitti. Il profitto è espresso da una funzione che è definita sulle sue possibili scelte. A ogni scelta x, che appartiene a un certo insieme di scelte possibili X, corrisponde un numero reale, che dà la stima dell'utilità dell'individuo, in genere indicata con $f(x)$.

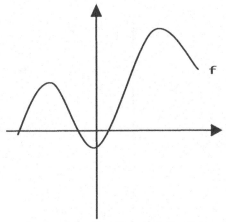

La funzione di utilità f di Sandro

La funzione f in figura potrebbe rappresentare l'utilità di Sandro.

Dal punto di vista matematico, Sandro deve cercare quello speciale x, che, essendo speciale, qui chiamo z, che massimizza la funzione f. In simboli:

$$f(z) \geq f(x) \quad \forall x \in X.$$

Supponiamo ora che Sandro abbia la rara fortuna di scegliere fra due funzioni di utilità, chiamiamole f e g. Questo potrebbe accadere, ad esempio, se decidesse di agire nei primi sei mesi dell'anno, oppure nella seconda metà dell'anno stesso. Le strategie a sua disposizione sono le stesse, ma i risultati no. Supponiamo anche che

$$f(x) \geq g(x) \quad \forall x \in X.$$

In altre parole, qualunque sia l'azione che Sandro sceglie, sarà più contento nel caso in cui la sua funzione di utilità sia f piuttosto che g. Che cosa credete che Sandro sceglierà? È piuttosto ovvio che la sua scelta cadrà su f, che gli garantisce *in ogni caso* un livello di soddisfazione maggiore.

Fino a qui tutto ovvio, e la risposta al quesito posto all'inizio è chiarissima. In un mondo in cui l'interesse è di ottenere il più possibile, *è meglio il più del meno*.

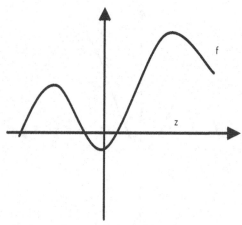

Il punto che massimizza f è indicato con z

Ma proviamo ora a cambiare un po' lo scenario; Sandro non è più solo, deve vedersela con Piercesare. Vediamo allora di mettere a confronto due situazioni possibili, come abbiamo fatto prima.

Esempio 6 I due giochi sono descritti dalle seguenti bimatrici. La prima:

$$\begin{pmatrix} (10,10) & (3,15) \\ (15,3) & (5,5) \end{pmatrix},$$

la seconda:

$$\begin{pmatrix} (8,8) & (2,7) \\ (7,2) & (0,0) \end{pmatrix}.$$

Ricordate? Avevamo detto che Sandro, nella fortunata situazione in cui può scegliere fra due funzioni di utilità f e g, nel caso in cui una gli dia guadagni superiori dell'altra qualunque scelta faccia, non ha nessun dubbio sul fatto di tenersi la funzione che lo paga meglio! Forti di questa convinzione, Sandro e Piercesare decidono allora che preferiscono giocare il primo gioco piuttosto che il secondo perché, controllatelo anche voi, i pagamenti, per tutti e due, sono superiori in ogni caso nel primo gioco! Per fortuna viene loro in mente di chiedere un parere, tanto è gratuito, a un amico che si occupa di teoria dei giochi. E lui dice loro che dovrebbero attenersi alla regola che voi già conoscete, per averla letta qual-

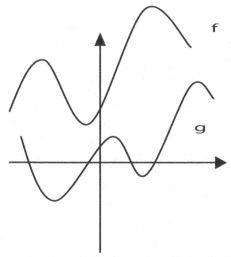

Le due funzioni di utilità f e g di Sandro

che riga fa. Fanno allora i loro calcoli e, come voi, scoprono di guadagnare di più, tutti e due, se giocano il secondo gioco!

Dunque non è affatto detto che, quando si è (almeno) in due, il più convenga rispetto al meno. D'altra parte, è importante capire che le bimatrici precedenti non possono rappresentare lo stesso gioco, espresso in scale di utilità diverse. Provo a spiegarmi meglio, senza specificare matematicamente come definire con precisione che due matrici *diverse* rappresentano in realtà lo stesso gioco: è chiaro che se prendo la prima matrice:

$$\begin{pmatrix} (10,10) \ (3,15) \\ (15,3) \ (5,5) \end{pmatrix}$$

e moltiplico tutti i coefficienti per due

$$\begin{pmatrix} (20,20) \ (6,30) \\ (30,6) \ (10,10) \end{pmatrix},$$

non ho cambiato di molto la sostanza del gioco, che viene analizzato esattamente come il primo e che ha le stesse scelte ottimali per i due giocatori: quel che abbiamo cambiato è in effetti solo il modo di misurare l'utilità dei giocatori, che non si esprime in termini assoluti[41]. Se provassimo per esempio a esprimerla in termini monetari è come se avessimo cambiato moneta, passando dagli euro ai leva (moneta bulgara, il cui cambio è appunto all'incirca di 1 euro per 2 leva). Allora vorrei mettere in chiaro che il fenomeno che ho descritto prima, e cioè che tra due giochi come quelli precedenti, succede che si guadagna di più in quello in cui i pagamenti sono più bassi, *non* può succedere se si considerano due giochi equivalenti. Rimane il fatto, importantissimo, che, a differenza di quando il decisore è uno solo, se ci sono più decisori non è detto che utilità più alte per entrambi e in ogni situazione alla fine significhi che entrambi guadagnano di più. Provate a fare una statistica fra i vostri amici, per vedere se questo concetto è a loro chiaro: secondo me, appena direte loro una cosa simile, penseranno che li vogliate prendere in giro.

Questo è un primo esempio di come il fatto di essere in due a decidere può richiedere di cambiare abbastanza il nostro approccio psicologico ai problemi. Passiamo un secondo, altrettanto interessante. Partiamo, come al solito, dal caso in cui il decisore sia unico, diciamo Carlo, che è una persona razionale. Supponiamo che Carlo pensi, in un primo momento, di avere un certo numero di scelte possibili, all'interno dell'insieme A, che gli porteranno ciascuna una certa utilità. Supponiamo poi che arrivi io e gli faccia scoprire che in realtà le sue scelte possibili sono molte di più, può scegliere all'interno dell'insieme B, che contiene A. Sarà contento Carlo? Io penso proprio di sì, visto che non gli è stata tolta nessuna alternativa ed, in più, se ne sono aggiunte delle altre. In termini matematici, potrei dire che ho allargato il dominio della sua funzione di utilità, e quindi il massimo assumerà, rispetto a prima, un valore non più piccolo di sicuro, sperabilmente più grande.

Che succede se invece Carlo si mette a giocare con Maurizio?

Esempio 7 Ecco due giochi: Carlo e Maurizio devono decidere quale giocare. Il primo:

$$\begin{pmatrix} (10,10) & (3,5) \\ (5,3) & (1,1) \end{pmatrix}.$$

---

[41] Quel che conta è l'ordinamento tra i vari esiti, non la differenza. Ipotesi non del tutto realistica, ma accettabile.

Il secondo, potete controllare, contiene le stesse uscite possibili del primo, e ne aggiunge qualcuna:

$$\begin{pmatrix} (1,1) & (11,0) & (4,0) \\ (0,11) & (10,10) & (3,5) \\ (0,4) & (5,3) & (1,1) \end{pmatrix}.$$

La soluzione del primo è evidente a tutti, perché il gioco in questione è molto raro e molto fortunato per chi lo gioca: entrambi possono ottenere contemporaneamente il massimo possibile, che in questo caso è 10. Il secondo non è così evidente, ma vi invito a utilizzare la solita regola di eliminazione delle scelte dominate da scelte migliori: vi accorgerete che la prima riga e la prima colonna sono le uniche scelte razionali dei due giocatori e che il risultato finale è 1 per entrambi!

Interessante, e sorprendente, direi. Quando mi sono accorto di questo, mi è venuto in mente un libro letto tanto tempo fa: dati i miei studi classici, sono convinto che nella letteratura si trovi tutto, basta cercarlo! Il libro in questione è *L'uomo in bilico* di Saul Bellow. La cosa che ricordo bene è che alla fine il protagonista è felice di dover andare sotto le armi, perché così la sua libertà d'azione, le sue scelte possibili, sarebbero state drasticamente ridotte, e con questo era convinto che si sarebbe sentito più felice. Che fosse un esperto di teoria dei giochi?

Il prossimo esempio non propone una situazione particolarmente paradossale, ma mostra in maniera molto chiara come, quando si è parte di un processo decisionale, bisogna *sempre* fare molta attenzione a dar per scontate certe cose.

Analizziamo una situazione in cui tre persone devono scegliere, a maggioranza, che provvedimento, fra tre possibili, prendere. Il caso interessante è, naturalmente, quando hanno preferenze diverse, in modo che non ci sia una maggioranza precostituita.

Esempio 2 Tre persone devono scegliere fra tre alternative, che chiamiamo A, B, C. Votano contemporaneamente, e se c'è un'alternativa che prende almeno due voti, è quella che viene scelta, altrimenti la vincente è quella scelta dal presidente, il primo giocatore. Ecco le preferenze dei tre:

$$A \ \succ \ B \ \succ \ C,$$
$$B \ \succ \ C \ \succ \ A,$$
$$C \ \succ \ A \ \succ \ B.$$

Senza far calcoli, ma spiegando a parole (tanto si capisce benissimo), possiamo osservare che, con l'eliminazione delle strategie dominate, il primo giocatore annuncia di votare A, in quanto B e C sono meno preferibili per lui, qualunque cosa facciano gli altri. Per semplificare ulteriormente l'analisi, si può osservare che gli altri due possono eliminare le loro alternative meno preferite, rispettivamente A e B. A questo punto la situazione è molto più semplice da analizzare: il primo sparisce dal gioco e gli altri hanno due alternative a testa. Il tutto si riassume così:

$$\begin{pmatrix} A \ A \\ C \ A \end{pmatrix},$$

essendo il secondo giocatore a scegliere le righe, con la prima che rappresenta la sua scelta di B, mentre la prima colonna rappresenta la scelta di C per il terzo giocatore. Ora non c'è nessun dubbio su quale sarà il risultato: poiché entrambi preferiscono C ad A, il risultato finale sarà C. Riassumendo, il primo vota A, gli altri C, e l'alternativa prescelta è C.

Non c'è nulla di strano o di 'irrazionale" nel risultato precedente. Tuttavia, è interessante fare un'osservazione. C'è un giocatore, il primo, che ha una posizione privilegiata[42]. Eppure il risultato della votazione è il meno preferito per lui. Che cosa è successo? Dove nasce il problema? Quando, a parole, ho detto che un'azione è dominante per un agente se lo fa stare *meglio* delle altre, qualunque cosa facciano gli avversari, non sono volutamente stato preciso. Un conto è assumere *strettamente* meglio, un altro è assumere meglio, o *non peggio*: nell'esempio precedente, per il presidente scegliere A qualche volta è strettamente preferibile che scegliere le altre opzioni; ma in altre situazioni è per lui *indiferente*: per esempio quando gli altri si accordano fra loro, cosicché il suo voto è ininfluente. Annunciare che si gioca una strategia solo *debolmente* dominante, come nel caso precedente, anche se non va contro la razionalità, può essere un'idea tutt'altro che brillante[43].

---

[42] Come presidente, decide in caso di tre voti diversi.

[43] Ci si potrebbe chiedere perché non semplificarsi la vita parlando solo di strategie strettamente dominate o dominanti. Il fatto è che

Induzione a ritroso

Vediamo ora alcuni aspetti interessanti legati al secondo paradigma di razionalità, che viene applicato ai giochi in forma estesa a informazione perfetta, cioè in quelle situazioni, come la dama, gli scacchi o giochi simili, in cui i giocatori, almeno a priori, hanno conoscenza su tutte le possibili evoluzioni del gioco e non sono previste fasi in cui a qualche giocatore non è accessibile un certo numero di informazioni (come invece succede per la maggior parte dei giochi di carte). Nel capitolo precedente, tagliando corto su un punto cruciale, ho cercato di convincere il lettore che l'induzione a ritroso, che ci suggerisce di considerare tutte le situazioni finali possibili e poi procedere a ritroso riducendo sempre pù la lunghezza del gioco, provvede "la soluzione" razionale per questi giochi. La soluzione? Consideriamo l'esempio seguente:

Esempio 8 Ho due oggetti preziosi, e dico a Andrea, il giocatore numero uno: tu puoi decidere se tenerli tutti e due, oppure darne uno o tutti e due a Emanuele. Ma attenzione, se Emanuele mi dice che non accetta la tua proposta, io mi tengo entrambi gli oggetti.

Il gioco proposto ai miei due figli più grandi è chiaramente una variante dell'ultimatum game, ma differisce in un particolare non da poco rispetto alla versione di prima. Infatti in questa ho creato apposta un caso di indifferenza: se Andrea dice a Emanuele: me li tengo entrambi io, Emanuele a quel punto è *indifferente* fra accettare e rifiutare.

Dal punto di vista matematico, la molteplicità di soluzioni non è sorprendente. Tuttavia, dal punto di vista dello svolgimento del gioco, non aiuta Andrea il fatto di avere due soluzioni possibili! Infatti, da una parte vuol tenere entrambi gli oggetti, ma Emanuele, essendo indifferente sull'esito del gioco (accettare o rifiutare gli procura lo stesso livello di soddisfazione) potrebbe rifiutarsi. Offrirne uno al fratello garantisce a Andrea una risposta positiva, ma con metà bottino. . .

richiedere condizioni strette è spesso troppo restrittivo in matematica, nel senso che non si riesce a mostrarne, se non in pochissimi casi, l'esistenza. Un classico esempio è la ricerca dei minimi di una funzione.

Senza introdurre nuovi elementi, il gioco ha due soluzioni, fine del discorso. Ma la scelta di Andrea si baserà su aspetti psicologici che il modello non può includere. Dovrà in particolare tener conto del fatto che Emanuele potrebbe oppure no avere un interesse a punire il fratello per il suo atteggiamento egoistico.

L'eliminazione delle strategie dominate aveva portato alla situazione di "dilemma" di cui abbiamo già parlato: la razionalità individuale porta i giocatori a fare una scelta dai risultati deludenti per entrambi, pur in presenza di un esito possibile molto più soddisfacente. Qualcuno potrebbe sospettare che questo c'entri in qualche modo con il fatto che le mosse dei giocatori in ques'esempio sono contemporanee, e chiedersi se nel caso di mosse successive, e dell'induzione a ritroso, sia possibile che la razionalità forzi a un risultato molto deludente. Ecco un interessante e famoso esempio, chiamato "il millepiedi"[44].

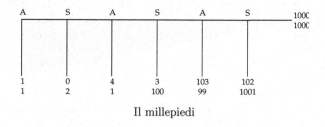

Il millepiedi

Esempio 9

Ancora una volta, la teoria porta a un risultato paradossale. Due giocatori razionali potrebbero ottenere 1000 ciascuno, e non cominciano nemmeno a giocare. Ma questo è dovuto proprio alla natura delle relazioni strategiche fra individui, tra la dicotomia della nostra natura abituata ancestralmente a capire come si decide da soli e che fa fatica a entrare negli schemi delle decisioni prese in relazione a altri e insieme a altri. Può darsi che tra un secolo la teoria della razionalità matematica sarà completamente diversa: però ne dubito e, comunque, non ci sarò per vederlo.

─────────

** In inglese, *The centipedes*. La lingua e la mentalità degli inglesi è spesso molto più sobria delle analoghe latine...

Per concludere il discorso sull'induzione a ritroso, faccio cenno a una tematica che riveste grandissima importanza e che si ripresenta in altre occasioni, in matematica e non solo, ma che nella teoria dei giochi trova esempi particolarmente affascinanti e comprensibili anche ai non addetti ai lavori.

Ho detto, e non una volta sola, che l'induzione a ritroso permette di "risolvere" i giochi finiti a informazione perfetta. Ho anche dato un'idea della dimostrazione. Si parte dai nodi terminali e si procede a ritroso, fino a arrivare alla radice. Il punto chiave dell'idea è che, partendo dalla fine, in ogni nodo non solo c'è un solo giocatore a decidere (il che ci permette di avere un'idea univoca di ciò che è ottimale fare per lui), ma anche che il risultato delle sue azioni è evidente, e indipendente da quel che fanno gli altri[45]. La dimostrazione matematica, spiegata a parole, sta tutta qui.

Abbiamo, *en passant*, fatto un ipotesi che la nostra mente ha accettato senza problemi. Dato un gioco con queste caratteristiche, costruiamo l'albero... Ho detto "costruiamo", avrei forse dovuto dire "immaginiamo". immaginarlo, non costa nulla. Riesco a immaginare l'albero degli scacchi, esattamente come riesco a immaginare di sommare infiniti numeri, come riesco a immaginare uno spazio di dimensione infinita... e questo non solo io naturalmente, basta avere un po' di pazienza e di allenamento. Ma poi, riesco davvero a sommare materialmente infiniti numeri, riesco a fare qualcosa in 5 dimensioni, riesco a disegnare l'albero del gioco degli scacchi? Certo che no!

Non voglio parlare qui di scacchi. Parliamo di un gioco più semplice, come quello dell'Hex. Chi non lo conosce, pensi a un gioco in cui il pareggio non c'è. Un teorema, conseguenza non difficile di quello di esistenza della soluzione con l'induzione a ritroso, garantisce che nel gioco dell'Hex il primo che muove ha una strategia vincente.

Allora, ha senso giocare il gioco dell'Hex, essendo il secondo a fare la prima mossa? Forse, sì!, forse, anche se lo giocate con una persona molto intelligente, potreste vincere lo stesso.

---

[45] A partire da quel nodo, ovviamente, e scendendo. Il fatto che dica che il suo risultato non dipende dalle scelte degli altri è giustificato dalla procedura: avendo già *capito* quale è il comportamento degli altri, è come se mi trovassi in un nodo finale.

Dove sta il problema? Sta in un fatto molto semplice. La dimostrazione del teorema è completamente, elegantemente, spettacolarmente non costruttiva! Con questo, intendo dire che si usa un ragionamento, ineccepibile da molti punti di vista, che si chiama *per assurdo*. Il che vuol dire che si assume una cosa falsa, e poi si mostra che questo porta a conseguenze contraddittorie. Una tecnica del genere non dice *nulla* su come trovare una strategia vincente per il primo! È un artificio logico.

Non voglio addentrarmi in questo tema. In matematica, e non solo, si discute sul senso di enunciati di questo tipo, cioè non costruttivi. Io mi limito a dire che ogni informazione è preziosa, che se decido di studiare il gioco dell'Hex, almeno in un caso particolare, cioè con una scacchiera non troppo grande, parto da un'informazione mica da ridere: cercherò di capire *come* il primo deve giocare per vincere, il che mi sembra un bel passo avanti rispetto al dover mettermi a studiare tutte le evoluzioni possibili. Insomma, provare a vivere per andare in paradiso forse è un po' più facile per chi crede che un paradiso ci sia...

Equilibrio di Nash

Nel capitolo precedente, prima di aver affrontato il caso generale dei giochi in forma strategica, abbiamo considerato, seguendo un po' l'evoluzione della teoria, il caso particolare di quelli a somma zero. Non ho qui, che sto parlando degli aspetti sorprendenti della teoria, particolari cose da aggiungere per quanto riguarda questi giochi. Per le situazioni strettamente competitive il dilemma logico, la situazione paradossale non sembrano essere alla finestra. Comunque, ricordo che in effetti già l'idea di utilità attesa è abbastanza sconcertante, nel senso che ha i suoi aspetti contro intuitivi. Per cui, mi limito solo a raccontare un episodio, che secondo me è illuminante sulla forza e le debolezze di questo approccio.

Un matematico–informatico piuttosto famoso, che ha scritto diversi libri, e aveva una rubrica fissa su Le Scienze[46], aveva inventato un gioco che suonava all'incirca così: due giocatori devono pensare un numero fra 1 e 5. A chi dice quello più alto il perdente

---

[46] Se non ricordo male, è proprio in uno dei suoi articoli per la rivista che ho letto questa storia.

paga la differenza, escluso il caso in cui la differenza sia uno. In questo caso, chi ha detto il numero *minore* prende dall'altro quanto questi ha detto. Ad esempio, se io dico 2 e Paola 4, lei vince 2 da me, ma se invece dice 3 mi deve pagare 3.

Che fare? È evidente che questo gioco non ha equilibrio, in strategie pure. Infatti, non è prevedibile l'esito di una partita singola da parte di due persone razionali. Per questo, il signore in questione si era messo in testa di concepire un programma di computer in grado di *apprendere* giocando ripetutamente con un giocatore e quindi, in definitiva, di batterlo (in media, ovviamente, non in ogni singola partita). È chiaro che l'idea è tutto meno che peregrina. Infatti, chi gioca ripetutamente lo stesso gioco con la stessa persona spesso lo fa proprio con l'idea di provare a *imparare* a battere, sul piano della psicologia, il proprio avversario. E allora, perché non farlo al computer? Dopo aver preparato un programma, bisogna naturalmente fare delle prove, per vedere se funziona. Ha quindi proposto il gioco a varie persone, compresi i suoi allievi che, come è ben noto, sono gli unici a non potersi esimere dal partecipare. Peccato che uno conoscesse la teoria dei giochi a somma zero. Per cui si è calcolato la strategia ottimale, cosa che non è difficile, e ha provocato una grande delusione al suo capo, perché non c'è stato verso: come prevede la teoria, in media un giocatore, neppure un computer programmato, può battere un altro, se questi conosce la strategia di equilibrio[47].

Per quanto riguarda il discorso sugli equilibri di Nash, si possono fare, ma in pratica ne abbiamo già accennato, discorsi già visti in precedenza. Intanto, non dimentichiamo che, comunque, le soluzioni date dall'eliminazione delle strategie dominate o dall'induzione a ritroso, sono in ogni caso equilibri di Nash. Il che implica che tutti i paradossi che abbiamo visto in quei casi si applicano automaticamente all'idea di equilibrio di Nash. Un altro aspetto interessante è quello del confronto tra equilibri ottenuti con l'induzione a ritroso e equilibri di Nash. Dato per acquisito, e non potrebbe essere altrimenti, che l'esito (o gli esiti) dell'induzione a ritroso sono equilibri di Nash del gioco, ritradotto in forma

---

[47] Che, ovviamente, in questo caso porta al pareggio. Ovviamente grazie al teorema che garantisce che un equilibrio esiste. A questo punto, siccome il gioco con le sue regole chiaramente non favorisce nessuno dei due, il risultato razionale non può che essere il pareggio.

strategica, la questione interessante è se tutti gli equilibri della forma strategica provengono dall'induzione a ritroso. Vediamo un esempio.

Esempio 10 Questo è *il gioco del gelato*. Il bambino vuole il gelato, la mamma deve decidere se comperarlo o no, il bambino può decidere di fare un capriccio oppure no. La mamma annuncia per prima la sua scelta, lei è contenta se non compera il gelato (per motivi dietetici, va bene essere tirchi, ma un gelato!), ma detesta sentire i capricci. Il bambino vuole il gelato e tra fare un capriccio oppure no, tutto sommato, preferisce non farlo. Una bimatrice possibile per questo gioco è la seguente:

$$\begin{pmatrix} (0,5) & (0,5) \\ (-1,-1) & (1,1) \end{pmatrix}.$$

Lascio a chi vuole di farsi l'albero del gioco, per accorgersi che l'esito, tramite l'induzione a ritroso, è che la mamma non compera il gelato e il bambino non fa storie. Tuttavia, guardando la bimatrice di sopra, si vede che anche l'esito in cui la mamma annuncia la strategia di comperare il gelato e il bambino annuncia la strategia di piangere, è un equilibrio di Nash.

Dunque tradurre un gioco in forma strategica può introdurre nuovi equilibri. Sono sensati, dal punto di vista dell'interpretazione? Nel gioco di sopra, che senso ha che il bambino annunci di piangere, se la mamma ha manifestato la sua intenzione di comperare il gelato? In generale, dall'esempio del gelato ne deduciamo che un equilibrio di Nash può prevedere un comportamento non razionale da parte dei giocatori. Chiarisco questo punto. Il comportamento non ottimale può avvenire *solo* in un nodo che *non* verrà poi raggiunto nello sviluppo effettivo del gioco. Se vi siete fatti l'albero del gioco, avrete visto che se la mamma compera il gelato, il gioco finisce e il bambino non interviene (se non, appunto, per mangiare il gelato). Quindi *non* deve mettere in atto la sua strategia annunciata. Possiamo, alla luce di questa precisazione, dare un senso a un tale equilibrio? Quel che sto per dire non è accettato da tutti, ma una spiegazione che molti ritengono plausibile è la seguente: il bambino può minacciare di fare i capricci per spostare l'esito del gioco verso una situazione a lui più ragionevole. Insomma, è come se dicesse alla mamma: ci sono due equilibri di Nash (in forma strategica) io annuncio un comportamento che anche se ti sembra irrazionale in realtà fa si che il risultato sia quello che a me piace di più. Forse un bambino non si esprime esattamente così con la mamma. Ma quel che voglio dire è più serio di quel che sembra a prima vista: la razionalità *a volte* è più naturale negli esseri, come i bambini, che agiscono guidati dall'istinto. Se questo suona un po' misterioso, niente di strano; per me lo è.

Intermezzo 3

Il dilemma di Francesco e Giovanni

Francesco si sveglia di ottimo umore. Fuori fa freddo, ed è ancora buio. La barca lo aspetta, lo aspetta il pesce; si sa, le reti vanno tirate su presto. Entra in bagno, si lava ad occhi chiusi. La barba, un altro momento. Si guarda il tatuaggio sul braccio sinistro, che di solito rimane nascosto sotto la giacca. A volte, si dimentica di averlo, e perché se lo è fatto. Non ricorda nemmeno che cosa raffiguri, ma è contento di averlo, e che pochi lo vedano.

Mangia una banana e due fette biscottate, beve un caffè. Accende la radio, che ascolta distrattamente mentre si prepara un panino. Sa che in barca, verso le dieci, gli viene fame. Pensa al suo laghetto, l'orizzonte di sempre, pensa al suo mestiere, che altri definiscono duro, ingrato, e che lui non cambierebbe per nulla al mondo. Vive ai margini della città, ma in un bel posto. Tranquillo, ma bastano pochi metri e ti trovi nel traffico. Giù al porticciolo invece, sembra di essere in un posto di altri tempi. Intuisci che la città è vicina, senti un sottofondo di rumori, ma l'aria che respiri è quella di un paesino che parte dal lago per arrampicarsi su in collina. Gli sembra di essere al tempo e nei luoghi de *I promessi sposi*.

Esce, prende la macchina, e dopo aver guidato piano, pensando a tutt'altro, tanto la strada è tranquilla e non passa nessuno, arriva finalmente alla barca. Parte, il rumore del motore lo accompagna rassicurante. Il solito rituale. Vede da lontano Giovanni, sulla sua

barca. Che fa le stesse cose. Anche se il lago è piccolo, c'è posto
per due. Ma la presenza dell'altro lo spinge a pescare sempre di
più, come in una silenziosa competizione. Da soli, sarebbe diverso.
Finalmente, tirate su le reti, con movimenti calmi e misurati,
altrimenti ci si stanca troppo presto, il pesce è a bordo. Una buona
giornata.

Giovanni la mattina è sempre di cattivo umore. Deve alzarsi
presto, fino alle 10 per chiunque è meglio non incrociarlo. Era così
anche da piccolo. Chissà perché c'è chi si sveglia sorridendo, e
chi invece ce l'ha col mondo. La barca lo attende, deve andare a
pescare: è la sua vita. Si fa la barba senza guardarsi allo specchio,
quel che vedrebbe non gli piace. Il tempo che passa, uno specchio
che riflette il tuo umore, anzi, lo peggiora.

Quest'oggi è una bella giornata, va bene il motorino. Più veloce, più piacevole, e poi non c'è il rischio che qualcuno lo blocchi
quando, la sera, vuole tornare a casa. Per il pesce, è già d'accordo
con un albergatore, che passerà a ritirarlo verso le 5, quando il
sole comincia a calare dietro le montagne. Quest'anno, anche se
non fa freddo, sulle cime c'è ancora un po' di neve.

Nonostante la sua irrequietezza, riesce a fare quel che deve.
La pesca richiede calma, lui spesso perde la pazienza, ma alla
fine ottiene quel che vuole. Oggi, dopo aver tirato su le reti, vuol
provare a pescare con la nuova canna. C'è sempre la possibilità di
qualche preda speciale, e poi pescare a canna è l'unica cosa che
calma le ansie che si porta dentro da sempre.

Chissà se anche oggi c'è Francesco. Eccolo, sullo sfondo. Anche se il lago è piccolo, c'è posto per due. Ma la presenza del-
l'altro lo spinge a pescare sempre di più, come in una silenziosa
competizione. Da soli, sarebbe diverso.

Da qualche tempo, Francesco si accorge che si prendono meno pesci. Non riesce a capire perché. Un anno può succedere, ma
oramai sono 5 anni che il bilancio alla fine mostra un calo, piccolo ma costante, del pesce pescato. Nonostante le tecniche siano
perfezionate. Nonostante l'inquinamento, almeno qui, non faccia
danni. Chissà se anche Giovanni ha notato la stessa cosa.

È sera, e per oggi basta. Giovanni va a casa, per una doccia;
dopo è previsto il ristorante, in compagnia di un'amica conosciuta

da poco. Una ragazza bellissima, misteriosa. Ecco, Giovanni entra nella doccia, e d'improvviso vede quel vecchio tatuaggio sul braccio sinistro, che aveva dimenticato. Allora capisce, Gianfranco, che non ha senso competere con se stesso per prendere più pesce, perché così facendo il lago ne soffre, e perché a pesca non ci si va una volta sola; il gioco è ripetuto e lo sarà per sempre.

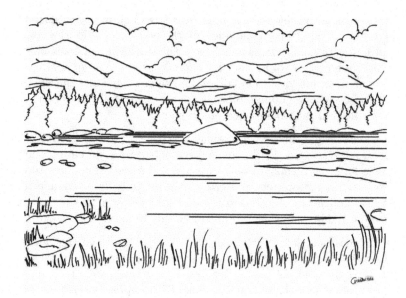

Numeri e strutture

Numeri

Ho letto qualche tempo fa un libro di un fisiologo del cervello, che parlava dei numeri e di intelligenza matematica. Con qualche studio complicato, i fisiologi sembra che siano arrivati a stabilire che i numeri uno, due e tre (forse anche quattro) sono in qualche modo presenti nel nostro codice genetico. Non abbiamo bisogno, in altre parole, di nulla, per averne un'idea, così come al neonato nessuno deve spiegare come fare per nutrirsi del latte materno. Da lì in poi le cose si complicano: cinque, sei ... sono numeri che dobbiamo imparare. Lo facciamo molto presto. L'idea di numero, voglio dire del numero comunemente inteso, e che noi chiamiamo *numero naturale*[48], è accettata con naturalezza dal nostro cervello. Indichiamo questo insieme con il simbolo universalmente accettato di $\mathbb{N}$. Dunque:

$$\mathbb{N} = \{1, 2, 3, \ldots, n, \ldots\}.$$

Notare che non ho messo lo zero. È lo stesso, lo posso mettere oppure no, per ora lasciamolo da parte, sullo zero sono stati scritti addirittura libri, è certamente un numero molto speciale.

Con i numeri naturali noi cominciamo a *contare*. Abbiamo già visto nel capitolo dell'infinito che cosa questo significa, noi diciamo che una squadra gioca con undici giocatori perché c'è un giocatore

---

[48] La terminologia in questo campo è quasi una poesia. Vi prego di prendere nota di tutti i nomi introdotti in questo capitolo.

con il numero uno, poi uno con il numero due, ecc., fino all'ala sinistra che ha il numero undici[49]. Questo, appunto, significa contare. Poi, impariamo anche a fare un'operazione con i numeri naturali, che chiamiamo *somma*. Non solo, piano piano impariamo, perché qualcuno ce lo racconta, o semplicemente perché lo sperimentiamo, che questa operazione ha certe proprietà: ad esempio, se si chiede ad un gruppo di persone di calcolare $15 + 19 + 5$, quelli che rispondono subito probabilmente hanno sommato prima 15 e 5, poi hanno aggiunto 19. Cosa più semplice che sommare 15 e 19, poi il risultato con 5. Ancora, chi somma 15 con 19 è molto probabile che sommi in realtà 15 e 20 e poi tolga 1. Ho così introdotto un nuovo concetto, che è quello di *differenza*: 19 è $20 - 1$. A scuola, i bambini passano un periodo abbastanza lungo eseguendo le differenze fra numeri che vengono loro proposte, ma c'è sempre qualcuno più sveglio che si pone il problema di fare $5 - 10$; in genere, la risposta che ottiene non è soddisfacente: "non si può fare" o anche "per adesso non si può fare".

Non c'è dubbio che ci vuole una certa evoluzione del ragionamento, ma che allo stesso tempo l'idea di numero *negativo* appare come un'*invenzione* necessaria. Forse è l'esempio più scontato, ma quando guardiamo il resoconto del nostro conto corrente bancario, c'è di solito una colonna con dei $+$ e un'altra (spesso più consistente) con dei $-$. La somma finale, il cosiddetto saldo, poi può essere un numero negativo...

Dunque è opportuno allargare l'insieme $\mathbb{N}$ dei numeri naturali, per introdurre anche i numeri negativi. Otteniamo così un nuovo insieme, che chiamiamo $\mathbb{Z}$:

$$\mathbb{Z} = \{0, 1, -1, 2, -2, 3, , -3, \ldots, n, -n, \ldots\}.$$

Adesso abbiamo incluso anche lo zero...

Osserviamo che i numeri che indichiamo con n erano i vecchi numeri naturali, che ora chiamiamo anche positivi, mentre quelli che indico con $-n$ sono i nuovi numeri negativi. Attenzione però che se scrivo che x è un generico elemento di $\mathbb{Z}$, allora potrebbe essere negativo: questa cosa semplice semplice è purtroppo fonte di errori molto frequenti.

---

[49] Sto evidentemente parlando del calcio dei tempi di Niccolò Carosio.

Con i numeri positivi avevamo imparato, da bambini, a fare un'altra operazione, quella di moltiplicazione. In genere, la moltiplicazione viene introdotta come un modo elegante e rapido di indicare somme ripetute: fare 5×4 vuol dire fare $5 + 5 + 5 + 5$. Questa definizione pone tra l'altro subito il problema interessante di osservare che tutti diamo per scontato che 5×4 è la stessa cosa che 4×5, ma in realtà questa è una proprietà che andrebbe dimostrata[50]. Ma non è su questo che voglio soffermarmi.

La moltiplicazione si porta dietro, in maniera abbastanza naturale, un altro concetto: quello di divisione. Che, come del resto la differenza nei naturali, crea qualche problema. Perché l'operazione $27 : 3$ ci consegna un numero familiare, ma $15 : 4$, ancora una volta, "per il momento non si può fare".

Siamo finalmente arrivati alle frazioni. Che non sono poi degli oggetti così facili da maneggiare, tant'è vero che bisogna aver già fatto qualche anno di scuola per vederle introdotte. Però diciamo che fanno sicuramente parte della cultura di chiunque abbia studiato fino alle scuole superiori. Noi utilizziamo il simbolo $\mathbb{Q}$ per indicare l'insieme di tutte le frazioni, e scriviamo:

$$\mathbb{Q} = \{\frac{p}{q} : p \in \mathbb{Z}, q \in \mathbb{N}\}.$$

Val la pena osservare che, per come ho scritto, se una frazione è negativa, ho messo il segno meno al numeratore. D'altra parte, è chiaro che, ad esempio $-\frac{3}{5} = \frac{-3}{5} = \frac{3}{-5}$. Con ciò voglio dire che la scrittura di sopra definisce davvero tutte le frazioni.

Le operazioni che abbiamo introdotto precedentemente, di somma e moltiplicazione, possono essere estese all'insieme $\mathbb{Q}$. Certo, bisogna imparare a sommare due frazioni e può darsi che, all'inizio, ci sembri un'operazione più difficile e meno naturale che con i numeri interi: concettualmente però non c'è granché di nuovo.

Facciamo una piccola pausa, per pensare un momento a quanto visto finora. Siamo partiti dall'insieme $\mathbb{N}$ dei numeri naturali e abbiamo introdotto successivamente due insiemi, sempre più grandi, quello degli interi e quello dei razionali:

$$\mathbb{N} \subset \mathbb{Z} \subset \mathbb{Q}.$$

---

[50] Per essere chiaro: la proprietà che $m \times n = n \times m$ per ogni $m, n \in \mathbb{N}$.

Tutto questo, perché le nostre "esigenze" di calcolo ci sugge-
rivano l'utilità di oggetti che non sono numeri interi positivi. Tra
l'altro, è interessante notare i nomi, come avevo già osservato. Ci
sono i numeri "positivi" e i numeri "negativi". Certamente dal
punto di vista psicologico il concetto di cosa negativa ha un significato che non si capisce perché il povero -5 si debba portare
dietro, anche se l'esempio del saldo del conto corrente potrebbe
essere una spiegazione della genesi dei nomi dati. Per non parlare
dei numeri "razionali": è evidente l'etimologia che riporta a *ratio*,
rapporto; semmai è interessante notare che, nel linguaggio comune, razionale voglia dire qualcosa che non evoca immediatamente
l'idea di rapporto.

A parte le questioni linguistiche, la prossima domanda, sicuramente ingenua ma naturale, è: esistono altri numeri, cioè numeri
che non sono razionali? Trascurando totalmente la questione, pe-
raltro molto interessante, se i numeri esistono o non sono piuttosto
una (utile) creazione della mente, vediamo di darne una risposta
matematica.

Leggenda vuole che sia stato Pitagora ad accorgersi che il rapporto tra le lunghezze di certi oggetti legati a figure geometriche
elementari non siano esprimibili come numeri razionali.

Possiamo immaginare Pitagora, un uomo imponente e con la
barba fluente, giustamente molto orgoglioso del suo famoso teorema, che si compiace di rimirare triangoli e altre figure cui ap-
plicarlo. Un giorno, si mette a guardare un quadrato di lato 1 e
si chiede quanto è lunga la sua diagonale. Ovviamente utilizza il
suo teorema e scopre che la lunghezza l della diagonale verifica la
relazione

$$l^2 = 2.$$

Bello, ma lui vuole l, non l^2. Allora fa una cosa usuale per i matematici, anche quelli meno bravi di lui: un'ipotesi di lavoro. Sup-
pone di poter scrivere $l = \frac{p}{q}$, cioè ipotizza che l sia un numero
razionale, e poi si mette a pensare per vedere se riesce a trarre
informazioni su p e q, con l'idea che serviranno a capire un po'
meglio quanto vale il numero l. Pitagora dice inoltre che possiamo
ipotizzare che p e q siano positivi e primi fra loro, il che significa
che non hanno divisori in comune: in altre parole, ha "semplifi-
cato" la frazione (qualcuno, con bel nome, chiama *capoclasse* la

frazione ridotta ai minimi termini). Con queste ipotesi, da $l = \frac{p}{q}$ otteniamo

$$p^2 = 2q^2.$$

Questo significa che p^2 è un numero pari e un attimo di riflessione ci convince che allora p è pari, quindi può essere scritto come $p = 2k$, con k numero opportuno[51]. Ma allora se $p = 2k$ vuol dire che $p^2 = 4k^2$. Andando a sostituire nella relazione di sopra, otteniamo

$$4k^2 = 2q^2,$$

quindi $q^2 = 2k^2$, che implica che q^2, e quindi q, è pari.

Siamo arrivati a una contraddizione! Infatti, abbiamo ottenuto le tre informazioni seguenti:

- p e q sono primi fra loro
- p è pari
- q è pari.

Ma queste non possono valere contemporaneamente. Perciò, dobbiamo essere partiti da una premessa scorretta. L'unica che abbiamo fatto[52] è appunto che l fosse un numero razionale...

La lunghezza della diagonale del quadrato di lato unitario non è dunque esprimibile come numero razionale. Questo significa che, se vogliamo andare avanti nelle nostre conoscenze matematiche, abbiamo bisogno di considerare un insieme più grande, che comprenda, ad esempio, anche un numero il cui quadrato è 2.

I matematici indicano con $\mathbb{R}$ questo nuovo insieme e chiamano, manco a dirlo, *irrazionali* quegli elementi di $\mathbb{R}$ che non sono razionali. Ricordo di aver torturato un po' mio figlio, solo il primo perché lui mi ha insegnato che certi errori i padri non dovrebbero farli, insegnandogli a contare così:

$$1, \quad \sqrt{2}, \quad 2, \quad e, \quad 3, \quad \pi, \ldots$$

perché se chiedi a qualche matricola se conosce qualche numero irrazionale oltre $\sqrt{2}$, dopo aver nominato e e π, in genere ti guarda

---

[51] È esattamente la definizione di numero pari. Un numero p è pari se esiste k tale che $p = 2k$.

[52] Veramente abbiamo anche ipotizzato che valga il teorema di Pitagora, ma questo non lo mettiamo in discussione...

smarrito, perché magari si ricorda che qualcuno gli ha detto che gli irrazionali sono perfino di più dei razionali[53], ma la sua fantasia si è oramai esaurita.

Non sto qui a dire quanto importante e che belle proprietà abbia l'insieme $\mathbb{R}$ dei numeri reali. Nel paragrafo seguente ne riparleremo da un altro punto di vista. Quel che posso dire ora è che prima abbiamo parlato di limiti, nel capitolo dell'infinito, e anche di topologia, nell'introduzione. La topologia (almeno, una parte della topologia), lo ricordo, è lo studio del concetto di "vicinanza" fra oggetti e, tra le altre cose, permette di introdurre in maniera rigorosa il concetto di limite, quindi in definitiva il calcolo differenziale (i nomi di Newton e Leibniz dovrebbero dire qualcosa al proposito). Ebbene, è proprio $\mathbb{R}$ che, a differenza di $\mathbb{Q}$, permette un calcolo infinitesimale efficace.

Abbiamo allora finito con i numeri? A proposito, notate il nuovo nome: numeri *reali*.

Per fortuna, in realtà non c'è mai una fine, ed è questo il bello della scienza. Non si finisce mai di conoscere e scoprire cose nuove. In un libro, a un certo punto, bisogna fermarsi, ma io voglio qui fare ancora un passo avanti.

Un modo tipico di risolvere un problema, uno dei più utilizzati, è quello di scrivere delle condizioni cui l'oggetto (supponiamo un numero) che cerchiamo di identificare deve obbedire. Pensiamo alla forma di uno dei problemi che abbiamo imparato a odiare a scuola:
La mamma di Pierino tra 5 anni avrà il doppio degli anni della sorella di Pierino che è nata in un anno bisestile, il papà forse se ne è andato di casa ...

Per scoprire l'età (incognita) di Pierino di solito ci insegnano a chiamare x questa incognita, a provare a scrivere delle equazioni che x soddisfa e a risolvere, con trucchi più o meno standard, l'equazione o le equazioni ottenute.

In altre parole, è utile maneggiare delle equazioni, ed è utile sapere se le equazioni hanno soluzioni; il passo successivo sarà sviluppare dei metodi per trovarle, ma questo ora non ci interessa.

---

[53] Come abbiamo visto nel capitolo sull'infinito.

Allora, le equazioni hanno sempre soluzione? Ovviamente la domanda posta in questo modo ha poco senso, e se proprio bisogna rispondere qualcosa, l'unica risposta decente sarebbe: nient'affatto. Però se procediamo con meno fretta e superficialità si vede che qualcosa si può dire. Al momento, limitiamoci a considerare le equazioni con una sola incognita, la famosa x. Prendiamo un equazione di primo grado:

$$2x + 1 = 0.$$

Certo, ha soluzioni, anzi una sola, e tra l'altro la sappiamo ricavare benissimo: $x = -\frac{1}{2}$. Se considero invece l'equazione

$$x^2 - 5x + 6 = 0$$

allora si vede che le soluzioni sono due: 2 e 3. E se prendo

$$x^3 - 6x^2 + 11x - 6 = 0$$

allora le soluzioni sono tre: 1, 2 e 3. Potrei continuare ancora un po', ma mi sembra chiaro che l'idea che ci potrebbe venire è che un'equazione ha tante soluzioni quanto è il grado dell'equazione stessa[54].

Però questa speranza, dettata dal nostro amore per la simmetria, è destinata a breve durata. Basta infatti considerare l'equazione $x^2 + 1 = 0$ per capire che la situazione può complicarsi. Una delle prime cose che impariamo, e che non mettiamo in discussione, è che il quadrato di un numero qualunque è sempre positivo. Dunque $x^2 \geq 0$ per ogni x. Quindi l'equazione di sopra non può avere soluzioni.

Attenzione però. Non può avere soluzioni *reali*. Ma non potrebbe avere soluzioni *da un'altra parte*? Può sembrare una domanda provocatoria, o stravagante. Niente di tutto questo. Nessuno ha stabilito *a priori* in che insieme cercare le soluzioni. A pensarci bene, dove cercarle è un fatto *convenzionale*. Io sto sempre studiando un problema astratto. L'importante è avere *una teoria*, che questa teoria sia coerente, di qualche utilità[55] e mi dia la risposta che cerco.

---

[54] Cioè la potenza massima cui è elevata l'incognita.

[55] Coerente, e utile, sono due termini su cui si potrebbero scrivere libri. La cosa migliore qui è di non provare nemmeno a definire questi due concetti, ognuno li interpreta come vuole, e l'interpretazione sarà automaticamente corretta.

Bene, allora potrebbe essere un'idea non del tutto sciocca *inventare* una soluzione per l'equazione $x^2 + 1 = 0$. Si potrebbe chiamare *i*. In altre parole, potremmo definire *i* come quel numero tale che $i^2 = -1$. Però fare questo è sterile, se non ci si costruisce attorno una teoria più completa.

Ecco un'idea brillante: definire un insieme di nuovi numeri z, della forma

$$z = a + ib,$$

con a, b numeri reali qualunque. Occorre ovviamente anche dire come si agisce su questo insieme di nuovi numeri. Basta "copiare" quello che si fa con i numeri reali, utilizzando le regole di calcolo note e trattando *i* come una "lettera" qualunque. Così avremo, in particolare:

$$(a + ib) + (c + id) = (a + c) + i(b + d),$$

$$(a + ib) \cdot (c + id) = ac + i(ad + bc) + i^2 bd,$$

e ricordando che $i^2 = -1$, si ottiene alla fine:

$$(a + ib) \cdot (c + id) = (ac - bd) + i(ad + bc).$$

Finora questo è un gioco, intelligente ma solo un gioco. Abbiamo creato un nuovo insieme, che contiene i precedenti (un numero reale r si può scrivere $r + i0$), che indichiamo con $\mathbb{C}$,

$$\mathbb{C} = \{a + ib : a \in \mathbb{R}, b \in \mathbb{R}\}$$

e che chiamiamo insieme dei numeri *complessi*. Ancora una volta, il nome dice molto su coloro che li hanno scoperti, e che quindi hanno cominciato a chiamarli in qualche modo. In realtà, a noi oggi sembrano molto semplici, ma i primi che ci sono inciampati sopra evidentemente non la pensavano così.

Per farla breve, la teoria dei numeri complessi è molto elegante e il risultato più importante legato a questo insieme è probabilmente uno dei più belli della matematica, anzi secondo me della storia delle idee: si chiama *teorema fondamentale dell'algebra*, e sostanzialmente dice quel che volevamo sentirci dire: un'equazione di grado n *nell'insieme dei complessi* ha n soluzioni[56].

---

[56] L'equazione $x^2 - 2x + 1 = 0$ sembra smentire quanto ho appena detto, visto che ha un'unica soluzione $x = 1$, pur essendo di secondo grado.

È bastata la brillante idea iniziale di aggiungere ai numeri conosciuti un nuovo numero che fosse, per definizione, soluzione di un'equazione molto semplice ($x^2 = -1$), sviluppare di conseguenza una teoria non troppo complicata, per scoprire *dove* cercare le soluzioni delle equazioni! Davvero, questo mi sembra geniale, mi sembra una grande conquista del pensiero.

A quanto detto va aggiunta almeno ancora una cosa, che è legata a un'idea che ho ricordato nell'introduzione. Il fatto di aver allargato l'insieme dei numeri dai reali ai complessi, ci serve *anche* nel caso in cui, alla fine, quel che cerchiamo deve essere un numero reale. Capita, ad esempio nello studio delle equazioni differenziali[57], che per trovare le soluzioni si debba passare attraverso i numeri complessi e, avendole trovate, con certi trucchi si ritorna nel campo dei reali. Molto bello!

Strutture

In quanto ho scritto nel paragrafo precedente, ho messo molto l'enfasi sugli *insiemi* di numeri. Però questi insiemi sarebbero scatole vuote o quasi, se non fossero definite, fra gli oggetti che compongono questi insiemi, delle operazioni. Come nella vita, gli individui, senza relazioni, hanno poco significato. Lo stesso accade per i numeri, se non li facciamo interagire...

Prima abbiamo parlato di operazioni fra numeri, precisamente la somma e il prodotto. Qualcuno potrebbe aver notato che, a proposito della differenza e della divisione, non ho parlato di operazione, ma di concetto. L'ho fatto apposta. In questo paragrafo, vorrei brevemente spiegare perché e parlare dell'idea di *struttura*.

Questo paragrafo contiene un certo numero di definizioni, esempi e risultati sotto forma di proposizioni. Per cui, come ho

---

Però $x^2 - 2x + 1 = (x - 1) \cdot (x - 1)$ e questo ci autorizza a dire che 1 è soluzione doppia in quanto annulla due dei fattori con cui posso scomporre il polinomio $x^2 - 2x + 1$. Ecco perché di sopra ho scritto "sostanzialmente".

[57] Un tipo di equazioni, molto importanti, in cui le incognite sono funzioni, non numeri, e dove compaiono anche le derivate delle funzioni incognite. Non sono troppo semplici da trattare, ma essenziali per capire la maggior parte dei problemi in fisica, chimica, economia...

detto nell'introduzione, chi non le ama o crede di non capirle, le guardi, e provi a capire i concetti, che sono le cose davvero importanti.

A un livello di conoscenza elementare della matematica, quale può essere quella di chi ha fatto un corso universitario di matematica, o anche solo la scuola secondaria, non è semplice fare apprezzare le definizioni che sto per dare. Tuttavia proverò a far capire perché queste definizioni sono così importanti, anche se non è possibile fare molti esempi significativi, in quanto richiederebbero troppe conoscenze. Vi chiedo di fidarvi e di provare a seguire il discorso. Tra l'altro, sottolineo che non è indispensabile capire fino in fondo le prossime definizioni, che possono apparire un po' pesanti e noiose: basta *guardarle*, per averne un'idea, e seguire i ragionamenti.

Il punto fondamentale da capire è che si possono incontrare, in natura e nella speculazione scientifica, oggetti all'apparenza molto differenti, ma che in realtà presentano parecchie caratteristiche comuni. Diventa allora interessante per lo scienziato addirittura irresistibile per il matematico, capire quale struttura queste cose apparentemente diverse abbiano in comune. Questo per il fatto che, una volta individuata questa struttura, è possibile studiarla in maniera sistematica, per scoprire le sue proprietà più nascoste, che poi saranno automaticamente valide per tutti gli oggetti che posseggono tale struttura. Punto altrettanto importante: la lista di proprietà che elenchiamo, in modo da individuare una struttura, deve essere *essenziale*: con questo voglio dire che non bisogna includere informazioni ridondanti, che renderebbero solo pesante la definizione, senza aggiungere nulla. Riprenderò questo punto più tardi.

Una prima definizione interessante è sicuramente quella di gruppo.

Definizione 1 *Un insieme non vuoto G è detto* gruppo *se in G è definita un'operazione, chiamata* moltiplicazione, *indicata con* $\oplus$, *e che ha le seguenti proprietà:*

1. $a, b \in G$ implica $a \oplus b \in G$ (proprietà di chiusura*)*

2. $(a \oplus b) \oplus c = a \oplus (b \oplus c)$ (proprietà associativa*)*

3. Esiste un elemento $e \in G$ tale che $a \oplus e = e \oplus a = a$ per ogni $a \in G$ (esistenza dell'elemento neutro*)*

4. Per ogni $a \in G$ esiste un elemento $a^{-1} \in G$ tale che $a \oplus a^{-1} = a^{-1} \oplus a = e$ (esistenza degli inversi*).*

Il gruppo G si dice commutativo *se $a \oplus b = b \oplus a$ per ogni $a, b \in G$.*

Vediamo di fare un piccolo commento sulle proprietà elencate dalla definizione. Quella di chiusura è semplice da capire. Abbiamo un insieme su cui vogliamo definire un'operazione che agisca fra due elementi dell'insieme stesso: ci interessa che il risultato sia ancora un oggetto dell'insieme. La seconda proprietà è la chiave per passare a operare senza difficoltà con più di due elementi, diciamo con un numero finito arbitrario. Visto che applicando l'operazione a due elementi dell'insieme G otteniamo ancora un elemento di G, possiamo pensare di applicare l'operazione data più volte. Ad esempio, a tre elementi. Ebbene, la proprietà associativa ci garantisce che qualunque sia l'ordine delle operazioni, il risultato è lo stesso. L'esistenza dell'elemento neutro e dell'inverso sono richieste altrettanto importanti.

Esempio 3 L'insieme $G = \{1, -1\}$, con l'operazione $\oplus$ definita come prodotto, è un gruppo commutativo, evidentemente un gruppo banale. Più interessante è considerare l'insieme $\mathbb{Z}$ degli interi, che diventa un gruppo commutativo con l'operazione $\oplus$ definita come la somma, cioè $a \oplus b = a + b$. Osserviamo invece che l'insieme $\mathbb{N}$, anche aggiungendo lo zero, *non* è un gruppo (con l'operazione di somma). Ora vediamo un gruppo un po' più complicato. G è l'insieme dei *simboli* della forma $a, a^2, a^3, \ldots a^n, a^0$ e definendo, per $i, j \le n$, $a^i \oplus a^j = a^{i+j}$ se $i + j \le n$, $a^i \oplus a^j = a^{i+j-n}$ se $i + j > n$. G è un gruppo. Per "vedere" G geometricamente, si può immaginare sul piano la circonferenza unitaria, a rappresenta una rotazione di $\frac{2\pi}{n}$, a^2 un'altra rotazione dello stesso angolo, che si aggiunge alla prima, ecc. È chiaro che, dopo n rotazioni, si ritorna alla situazione di partenza.

Esempio 4 Vediamo un esempio significativo di gruppo non commutativo, che riguarda le trasformazioni geometriche che mutano in sé un triangolo equilatero.

Gli elementi dell'insieme di queste trasformazioni sono: le simmetrie rispetto agli assi dei lati del triangolo (che indicheremo con S_A, S_B, S_C) e le rotazioni attorno al centro O in verso antiorario (R_1: rotazione di $120°$, R_2: rotazione di $240°$, e: rotazione di

360°.) Per chiarire le idee, ad esempio S_A è la simmetria rispetto all'asse BC, che lascia immutato il punto A (infatti l'asse passa per A) e scambia fra loro i punti B e C. Lascio a chi ne ha voglia e pazienza il compito di controllare la tabella seguente, che elenca i risultati dell'operazione $\oplus$. Chi non vuole farlo, si può limitare a verificare che, ad esempio, $R_2 \oplus S_A = S_B$, mentre $S_A \oplus R_2 = S_C$, il che basta per concludere che il gruppo è non commutativo.

$\circ$	e	R_1	R_2	S_A	S_B	S_C
e	e	R_1	R_2	S_A	S_B	S_C
R_1	R_1	R_2	e	S_C	S_A	S_B
R_2	R_2	e	R_1	S_B	S_C	S_A
S_A	S_A	S_B	S_C	e	R_1	R_2
S_B	S_B	S_C	S_A	R_2	e	R_1
S_C	S_C	S_A	S_B	R_1	R_2	e

Vediamo ora alcune semplici proprietà che ha ogni gruppo. Come dicevo prima, indagare su queste cose è importante, perché tutti gli insiemi dotati di un'operazione che li rende gruppi, automaticamente hanno queste proprietà. Qui ne posso elencare solo poche, e per di più praticamente banali. Ma la teoria dei gruppi è ancor oggi un settore di ricerca attivo e vivace, ed i suoi risultati più importanti sono molto profondi.

Proposizione 1 *Se G è un gruppo (con un'operazione $\oplus$):*

- *L'elemento e è unico*
- *Ogni elemento ha un unico inverso*
- *Per ogni $a \in G$, $(a^{-1})^{-1} = a$*
- *Per ogni $a, b \in G$, $(a \oplus b)^{-1} = b^{-1} \oplus a^{-1}$*
- *$a \oplus u = a \oplus v$ implica $u = v$.*

L'ordine del prodotto nella quarta proprietà è essenziale, perché in genere non vale che $(a \oplus b)^{-1} = a^{-1} \oplus b^{-1}$, a meno che il gruppo non sia commutativo. L'ultima proprietà dà una cosiddetta *legge di cancellazione* perché autorizza a cancellare a da entrambi i membri dell'equazione.

Ecco ora un'altra struttura molto importante.

Definizione 2 *Un insieme non vuoto A è detto* anello *se in A sono definite due operazioni, indicate con $\oplus$ e $\times$ che hanno le seguenti proprietà:*

1. A è un gruppo commutativo rispetto all'operazione $\oplus$
2. $a, b \in A$ *implica* $a \times b \in A$ *(proprietà di* chiusura *rispetto* $a \times$ *)*
3. $(a \times b) \times c = a \times (b \times c)$ *(proprietà* associativa *rispetto* $a \times$ *)*
4. $a \times (b \oplus c) = a \times b \oplus a \times c$ *e* $(b \oplus c) \times a = b \times a \oplus c \times a$.

Le proprietà 2. stabilisce che A è un insieme chiuso rispetto all'operazione $\times$, che è un'operazione associativa, grazie alla proprietà 3. La 4 infine *mette in relazione* le due operazioni $\oplus$ e $\times$.

Voglio mettere in evidenza il fatto che, ogniqualvolta una definizione introduce due operazioni allo stesso tempo, come succede appunto per la definizione di anello, *deve* anche contemplare una proprietà che le lega. Questo è un punto molto importante, che non sempre è messo nel giusto risalto. Non avrebbe infatti senso raggruppare le due operazioni e le loro proprietà fondamentali in un'unica definizione, sarebbe sufficiente introdurle *separatamente*.

Se un anello A verifica la proprietà ulteriore che $a \times b = b \times a$ per ogni $a, b \in A$, allora l'anello si chiama *commutativo*.

Vediamo ora un paio di esempi di anelli.

Esempio 5 $\mathbb{Z}$ è il primo e più semplice esempio di anello commutativo, ponendo $\oplus = +$, $\times = \cdot$, il che spiega perché si scrive di solito 0 per indicare l'elemento neutro rispetto a $\oplus$. Anche l'insieme di tutti gli interi pari è un anello commutativo, con le operazioni precedenti.

Esempio 6 Per fare un esempio un po' diverso, introduco l'idea di *matrice*. Per semplicità, qui parlo solo di quelle 2×2, anche se le matrici possono essere di dimensione qualunque. Una matrice 2×2 è una tabella tipo la seguente:

$$\begin{pmatrix} 10 & 1 \\ 0 & 4 \end{pmatrix}.$$

L'insieme delle matrici, con le operazioni associate che ora definisco, sono uno strumento veramente molto utile in vari campi.

La somma di matrici si definisce in modo naturale: basta sommare gli elementi corrispondenti nelle due matrici. Ad esempio:

$$\begin{pmatrix} 10 & 1 \\ 0 & 4 \end{pmatrix} + \begin{pmatrix} 1 & 2 \\ 5 & 4 \end{pmatrix} = \begin{pmatrix} 11 & 3 \\ 5 & 8 \end{pmatrix}.$$

Il prodotto fra matrici è un'operazione un po' più complicata. L'elemento che sta sulla riga i e sulla colonna j si ottiene sommando i prodotti degli elementi della i-esima riga della prima matrice per la j-esima colonna della seconda matrice[58]. Vediamolo in un esempio, che si capisce meglio. Consideriamo le matrici $A = \begin{pmatrix} 1 & 0 \\ 2 & 3 \end{pmatrix}$, $B = \begin{pmatrix} 1 & 0 \\ 2 & 1 \end{pmatrix}$. Eseguiamo il prodotto righe per colonne della matrice A per la matrice B. Otterremo una matrice 2×2.

$$A \times B = \begin{pmatrix} 1 + 0 & 0 + 0 \\ 2 + 6 & 0 + 3 \end{pmatrix} = \begin{pmatrix} 1 & 0 \\ 8 & 3 \end{pmatrix}$$

Si dimostra allora che l'insieme delle matrici 2×2 con le operazioni di somma e prodotto sopra definite è un anello. Non commutativo, come si vede ad esempio provando a fare il prodotto $B \times A$, con le matrici precedenti, e confrontando il risultato con $A \times B$.

Esempio 7 Sia $\mathbb{Z}_p$ l'insieme del *simboli* $\{0, 1, 2, \ldots, p\}$, munito delle operazioni seguenti: $\oplus$ viene indicato con $+$ e agisce così: $a + b$ è il resto della divisione di $a + b$ per p (ad esempio, se $p = 12$, $8 + 7 = 3$ perché $8 + 7 = 15 = 12 \cdot 1 + 3$); $\times$ viene indicato con $\cdot$ e agisce così: $a \cdot b$ è il resto della divisione di ab per p (ad esempio, se $p = 12$, $8 \cdot 7 = 8$ perché $8 \cdot 7 = 56 = 12 \cdot 4 + 8$). È facile verificare che $\mathbb{Z}_p$ è un anello commutativo, e forse la scelta di $p = 12$ dovrebbe dare un minimo di significato all'introduzione di $\mathbb{Z}_p$, visto che se adesso il nostro orologio segna le 6 tra 15 ore ci aspettiamo che segni le 9...

In un anello la condizione $a \times b = 0$ *non* implica che $a = 0$ oppure $b = 0$. E non vale la legge di cancellazione: se $a \times c = b \times c$ non è detto che $a = b$. Come esempio, basta considerare:

$$\begin{pmatrix} 0 & 0 \\ 0 & 1 \end{pmatrix} \times \begin{pmatrix} 1 & 0 \\ 0 & 0 \end{pmatrix} = \begin{pmatrix} 0 & 0 \\ 0 & 0 \end{pmatrix}.$$

È giunto il momento di fare un'osservazione importante. Come abbiamo visto nelle definizioni precedenti, è molto utile introdurre

---

[58] In formule, per chi vuole: sia $A = (a_{ij})$ una matrice $m \times n$ e $B = (b_{ij})$ una matrice $n \times p$. Allora $A \cdot B = C = (c_{ij})$ è una matrice $m \times p$ dove $c_{ij} = \sum_{k=1}^{n} a_{ik} b_{kj}$ con $1 \leq i \leq m$ $1 \leq k \leq p$.

delle operazioni che "assomigliano" all'idea di somma e prodotto usuali. Le mettiamo anche assieme nella definizione di anello, vedremo a breve altre strutture in cui agiscono le due operazioni. Ma non siamo abituati da sempre a pensare che le operazioni sono quattro? Perché non parliamo di differenza e divisione? La risposta è molto semplice. *Non ce n'è bisogno.* Abbiamo già ricordato che queste definizioni di base devono avere la caratteristica di dire tutto e solo l'essenziale. Come si vede, le precedenti mostrano che le operazioni che conviene definire sono due e non quattro. Non c'è bisogno in realtà di definire la differenza e la divisione, perché è meglio definire il concetto di *elemento inverso.* In altre parole, la differenza $7 - 5$ non va definita perché la si può pensare in maniera equivalente come $7 + (-5)$. Capisco che può sembrare un trucco formale anche piuttosto sterile, ma non è affatto così, perché l'approccio utilizzato con le definizioni precedenti è molto più conveniente, almeno dal punto di vista della descrizione di strutture che si ripetono continuamente in natura.

Ed ora, un'altra definizione.

Definizione 3 *Un anello F con le operazioni × e ⊕ definite come sopra, commutativo rispetto a × e tale che l'insieme dei suoi elementi non nulli formi un gruppo rispetto a ×, si dice* campo.

Esempio 8 Gli insiemi $\mathbb{Q}$, $\mathbb{R}$ e $\mathbb{C}$, con le usuali operazioni, sono campi. L'insieme $\mathbb{Z}_p$, definito sopra, è un campo se e solo se p è un numero primo. È facile vedere che $\mathbb{Z}_{12}$ non è un campo: in esso $3 \times 4 = 0$, cioè il prodotto di due numeri non nulli dà 0, il che non è possibile in un campo.

Finora, non abbiamo pensato a confrontare gli elementi di un insieme. Ma sappiamo benissimo che cosa vuol dire che un numero è più piccolo di un altro. Come esprimere questo in simboli?

Una relazione d'ordine $<$ fra elementi di un insieme X è una relazione che ha le seguenti proprietà:

1. per ogni $x, y \in X$ una ed una sola delle seguenti tre relazioni è vera: o $x < y$, o $x = y$ o $y < x$;
2. per ogni $x, y, z \in X$, se $x < y$ e $y < z$, allora $x < z$.

Voglio ora dare la definizione di *campo ordinato.* Questo ovviamente è un insieme munito delle operazioni di campo e di un ordine $<$. Ma sappiamo che questo non basta. Dobbiamo enunciare delle proprietà che leghino le operazioni di campo alla relazione d'ordine. Eccole:

1. $x \oplus y < x \oplus z$ implica $y < z$;
2. $x > 0, y > 0$ implica $x \times y > 0$.

Nella 2. di sopra, si intende che 0 indica l'elemento neutro rispetto all'operazione $\oplus$, una delle due che caratterizza un campo.

Esempio 9 $\mathbb{Q}$ ed $\mathbb{R}$ sono campi ordinati.

Si può dimostrare che, in ogni campo ordinato, $x^2 = x \times x > 0$. Questo implica immediatamente che l'insieme $\mathbb{C}$ non può essere un campo ordinato (per nessun ordine $<$), perché $i^2 = -1$. Il che *non* significa che non si possa dare a $\mathbb{C}$ una struttura d'ordine. Significa solo che, qualunque $<$ definiamo su $\mathbb{C}$, $\mathbb{C}$ non sarà un campo ordinato. Sarà un campo, e anche un insieme ordinato. Ma non un campo ordinato.

Qualche considerazione in chiusura. Mi rendo conto che chi è arrivato fin qui possa anche avere la sensazione di essere quasi preso un po' in giro. Arrivare alla definizione di campo ordinato per dire che posso fare semplificazioni note anche ai ragazzini delle scuole medie, oppure che il prodotto di numeri positivi è positivo, sembra uno scherzo, o una perdita di tempo. Non è così! Se ci si limita a considerare l'insieme dei numeri reali, è ovvio che tutto questo apparato è ridondante. Ma se si crede al fatto che ci sono esempi molto importanti di campi ordinati, il fatto di avere individuato una tale struttura, e di poterne quindi in astratto studiare le proprietà, è una cosa molto rilevante.

Un ricordo personale. Una delle conseguenze degli assiomi di campo ordinato è che $1 > 0$. Quando sono passato da ingegneria a matematica, mio papà, il primo ingegnere gestionale in un'epoca in cui l'ingegneria gestionale ancora non esisteva, non era molto convinto della mia scelta. Ma l'ha rispettata. Certo che il giorno che gli ho detto che avevo imparato appunto che $1 > 0$, l'ho visto piuttosto perplesso...

Qualche anno più tardi, ho capito che si era convinto che avessi davvero trovato la mia strada, anche se non gli ho mai spiegato che $1 > 0$ in realtà significa:

in ogni campo ordinato, l'elemento neutro rispetto all'opera-
zione che di solito si chiama somma, è più grande dell'elemento
neutro dell'operazione cosiddetta di prodotto.

La mia testa non ci crede, ma al mio cuore a volte piace pensare
che forse lo stia leggendo adesso.

Concludo il capitolo ripetendo una formula che ho già scritto
nell'introduzione. Quella che ho detto essere una delle più belle
mai apparse in matematica. Ricordate? Era

$$e^{\pi i} + 1 = 0.$$

Adesso possiamo capire qualcuno dei motivi per cui viene considerata così bella. Innanzitutto, è tanto semplice quanto elegante
ed essenziale. Ma ovviamente non basta. Sono presenti due numeri molto speciali, che entrano dovunque in natura. I numeri
irrazionali[59] e e π. e è un numero che vale circa $2,718$ (tre deci-
mali esatti), ed è la base più naturale della famiglia delle funzioni
esponenziali. π è pigreco: compare dappertutto. Poi c'è i che, a
proposito non l'ho detto prima, ha un altro nome straordinario:
l'unità *immaginaria*. Abbiamo visto che è il mattone su cui costruire tutta la teoria dei complessi. Compaiono poi lo zero e l'uno,
cioè gli elementi neutri per le operazioni fondamentali di somma
e prodotto, così fondamentali che si parte da loro, e dagli insiemi
numerici, per generalizzare fino a arrivare all'idea di gruppo, o di
strutture ancora più ricche. Infine, due simboli speciali. Quello di
somma e quello di uguaglianza. Ho scritto infine, ma questo vale
per chi non mastica la matematica. Noi invece ci vediamo ancora
tante cose, tutte molto belle, idee feconde ed originali, sintesi del
pensiero e degli sforzi di gente che, nel passato, faceva quel che
cerchiamo di fare noi oggi. Ed un'altra delle cose affascinanti della matematica è che questa formula oggi viene capita anche dagli
studenti di matematica, ma ad intuirla e ad arrivarci c'è voluto
del genio.

---

[59] La natura sembra in qualche modo prediligere i numeri irrazionali.
Un altro che in natura è presente ovunque è il numero alla base della
sezione aurea.

Il signore del ritratto l'ha scritta per primo.

L. Euler

Il capitolo sull'infinito cominciava con la figura del manoscritto dell'infinito di Leopardi, un capolavoro dell'umanità. Non ho paura a affermare che anche la formula precedente è un capolavoro della stessa bellezza.

Intermezzo 4

Euclide non Euclide

Le persone che credono di avere la verità in mano
possono parlarti di pace, di fede, di tolleranza
da un pulpito, da un balcone, da un trono.
Ma le loro verità,
hanno fatto o fanno ancora storici macelli.

Euclide

Se imparassero dalla matematica!
Le geometrie non euclidee, o i teoremi di Gödel, ti insegnano che
non esiste una verità,
solo diverse e parziali spiegazioni possibili,
di una realtà che non afferriamo completamente.
E che non sarà mai afferrata.

Questa tolleranza, questa umiltà, quest'orgoglio
della condizione umana
non esiste nell'ideologia, non esiste nella religione.

Tre grandi del Novecento

In questo capitolo parlerò della vita di tre grandi matematici del Novecento. Che hanno qualche caratteristica in comune e di cui penso che saperne qualcosa valga la pena anche per chi non passa le giornate occupandosi di matematica. Credo si possa riflettere e imparare qualcosa anche dalla storia di una vita, non solo dalle teorie. Se questo è vero, lo è ancor più nel loro caso.

Biografie

In questo paragrafo traccio un breve profilo biografico dei tre personaggi di cui parlerò in questo capitolo. Nel successivo, quando li avremo conosciuti un po', mi permetterò qualche commento.

Gödel

Ormai vado in Istituto soltanto per avere il piacere di fare una passeggiata con lui. Chi parla, non sta parlando di un Istituto qualunque, ma dell'Institute for Advanced Study di Princeton, un centro di eccellenza per la ricerca di fama mondiale, e ben noto con la semplice sigla di IAS. E chi parla non è proprio una persona qualunque. Si tratta dell'uomo che una rivista americana ha indicato come il più influente del secolo scorso, dal punto di vista scientifico. Infine, la persona di cui sta parlando Einstein, non è una persona qualunque. Sta parlando di Gödel. Ma chi è Gödel? A differenza di Einstein, Gödel non è noto al grande pubblico.

Certo, la sua fama va ben oltre quella usuale dei matematici, anche quelli più famosi, ma non è certamente paragonabile al credito che lui e i suoi risultati hanno fra gli addetti ai lavori, in senso lato. Tanto per dare un'idea, in un libro, intendo un libro serio, Gödel è paragonato, come impatto sulla storia della filosofia, ad Aristotele e Leibniz...

Ecco dunque quali sono i fatti salienti della sua vita.

Kurt Gödel nasce a Brno, in Moravia, il 28 Aprile 1906. La sua è una famiglia agiata, il padre è manager e comproprietario della ditta dove lavora, una delle più grandi industrie tessili della regione. Questo permette a Kurt e al fratello, di qualche anno più vecchio di lui, di vivere una giovinezza protetta e senza problemi economici.

Il piccolo Kurt cresce col soprannome di *mister Perché*. Si dimostra anche di carattere particolare, già nei primi anni di vita: molto serio, riservato, e spesso preoccupato della sua salute: aveva avuto da piccolo delle febbri reumatiche e, pur essendone guarito completamente, si porterà sempre con sé l'idea che queste avessero in qualche modo minato la sua salute. Di lui dirà in seguito il fratello, diventato medico:

Ha pensato tutta la vita di essere nel giusto, ma sfortunatamente non solo in matematica, anche in medicina.

La famiglia Gödel

Gödel si iscrive all'università nel 1923, con l'idea di studiare fisica. Tuttavia cambia ben presto idea e rivolge la sua attenzione alla matematica, anche sotto l'influenza delle magistrali lezioni di Philip Furtwängler[60], che insegna seduto su una sedia a rotelle

---

[60] Fratello del famoso direttore d'orchestra.

perché immobilizzato dal collo in giù, dettando ad un assistente che scrive sulla lavagna.

Gödel comincia anche a frequentare il circolo di Vienna, animato da un gruppo di intellettuali, per la maggior parte filosofi, che si incontrano per discutere soprattutto di questioni del linguaggio e di logica. Il gruppo è guidato da Moritz Schlick, un professore che verrà ucciso da uno studente con gravi disturbi mentali. Tra l'altro l'uccisore sarà poi, in piena furia antirazziale, in qualche modo trasformato in un "eroe ariano", contro la "filosofia senz'anima" del Circolo, uno delle infinite prove che la *stupidità umana* è seconda solo alla *crudeltà umana*.

Nonostante possa sembrare sorprendente in un personaggio del suo carattere, Kurt a volte si reca nei night club. In uno di questi, incontra nel 1927 Adele Porkert, una ballerina divorziata di sei anni più vecchia di lui. Adele è una persona con un modo di fare e un carattere un po' particolari: spulciando qui e là, i giudizi che si leggono su di lei non sono lusinghieri: "è la moglie, *piccoletta e grassa*, di Gödel" (Freeman Dyson, professore di fisica all'IAS). Tuttavia il suo appoggio continuo e la sua dedizione hanno avuto un ruolo decisivo nella vita di Gödel[61].

I coniugi Gödel

---

[61] "Una viennese, *con l'aspetto di lavandaia*, probabilmente gli ha salvato la vita". O. Morgenstern.

Nel 1929, muore suo padre; qualche mese dopo decide di prendere la cittadinanza austriaca. Presenta poi la sua dissertazione, che immediatamente lo mette in evidenza per la portata del risultato ottenuto.

Nel 1932 ottiene la nomina a *Privatdozent*, una curiosa qualifica tutta tedesca, la cui traduzione italiana più comune è *libero docente*, mentre quella inglese, più pratica, è *unpaid lecturer*.

Nel 1933 si reca per la prima volta a Princeton, invitato da von Neumann, che tra i suoi poliedrici interessi ha sempre avuto un occhio di riguardo per le questioni legate ai fondamenti. Dopo aver trascorso un semestre in America, torna in Austria e poco dopo viene ricoverato vicino a Vienna per problemi di depressione. Nel 1935 tiene il suo primo corso all'Università di Vienna, e torna a Princeton in settembre; dopo due mesi, tuttavia, è costretto a rientrare in Austria per un attacco depressivo. Passa in casa di cura il resto dell'anno e buona parte dell'anno successivo. Nel 1938, a settembre, si sposa con Adele, e riparte in Ottobre per l'IAS. Nel 1940, i coniugi Gödel decidono di trasferirsi definitivamente negli Stati Uniti, ed intraprendono un lunghissimo ed estenuante viaggio, che li porta a Princeton passando da Berlino, Mosca, Vladivostok, Yokohama e san Francisco.

La vita di Gödel ora procede senza particolari scossoni e senza episodi degni di nota. Nel 1948 ottiene la cittadinanza americana. Suoi testimoni Albert Einstein e l'economista austriaco Oskar Morgestern. Anche l'episodio della richiesta di cittadinanza è famoso: Einstein e Morgestern sono molto preoccupati perché Gödel afferma di aver trovato nella costituzione americana un baco logico che, nonostante le solenni dichiarazioni sulla natura democratica degli Stati Uniti d'America, avrebbe permesso la nascita di una tirannide. Di fronte al giudice incaricato di fare alcune domande per attestare la genuinità della richiesta, Gödel si comporta abbastanza bene, ma quando questi gli dice che sta chiedendo la cittadinanza di una grande democrazia, per vivere in un paese in cui quel che è successo in Austria e Germania non è possibile, Gödel non riesce a trattenersi e comincia a enunciare le sue dotte argomentazioni. Per fortuna il giudice, ovviamente dotato di capacità logiche inferiori a Kurt, ma ben più ragionevole e con i piedi per terra, interrompe la conversazione e gli concede la cittadinanza.

La sua vita procede. Gödel si interessa ora soprattutto di relatività, anche se non abbandona mai le sue riflessioni sulla logica. Cerca anche di *dimostrare* l'esistenza di Dio. La sua idea è meno folle di quel che si possa forse presumere, visto che si inserisce nel filone dei contributi di Anselmo, Descartes, Leibniz.

Gödel aveva ad un certo punto della sua vita sofferto di ulcera duodenale, che si era manifestata con una copiosa emorragia. Questo fatto lo costringe a una dieta particolarmente severa per il resto della vita. Le sue depressioni e le sue paranoie, in aggiunta alla malattia, lo portano a un rapporto con il cibo completamente senza equilibrio: Gödel teme di essere avvelenato, tanto che Adele deve spesso fungere da assaggiatrice per lui. Mangia pochissimo, solo cose cucinate da lei, e arriva a vantarsi di non aver per lungo tempo superato i 54 chili di peso, dichiarazione che sembra più consona ad una ragazzina con la voglia di fare la modella che non al genio assoluto della logica del Novecento.

Quando Adele non c'è, chi gli porta da mangiare spesso deve lasciare il cibo fuori della porta di casa, perché lui preferisce non aprire il portone per paura di contrarre qualche malattia. Gödel muore sostanzialmente di denutrizione, il 14 gennaio 1978, in un periodo di assenza della moglie, ritornata per qualche tempo in Europa.

Nash

Per esempio, una persona che non aderisce alle teorie di Zarathustra potrebbe pensare a lui come ad un pazzo che ha trascinato milioni di ingenui a seguire il culto rituale dell'adorazione del fuoco. Ma senza la sua "follia" Zarathustra sarebbe solamente uno tra i milioni o miliardi di esseri umani che hanno vissuto e che poi sono stati dimenticati. Chi scrive questo, nella sua autobiografia preparata per l'occasione della cerimonia del conferimento del premio Nobel per l'Economia nel 1994, è John F. Nash Jr., uno dei più brillanti matematici del ventesimo secolo. I suoi risultati sono unanimemente considerati di altissimo valore e hanno risolto problemi che gli esperti consideravano molto difficili. La sua attività di ricercatore è durata un tempo molto breve, meno di 10 anni. Poi, come vedremo, si è dovuta interrompere.

Ecco, molto succintamente, la storia della sua vita.

L'esistenza "legalmente riconosciuta" di John F. Nash, Jr inizia il 13 giugno 1928 a Bluefield, nel West Virginia. Il padre è un ingegnere elettrico, la madre insegna inglese e latino. Due anni dopo John, nasce sua sorella Marta. Fin da piccolo, John mostra grande interesse per le letture, e si sente piuttosto isolato in una comunità fatta soprattutto di uomini d'affari, avvocati, commercianti. Si interessa in particolare di matematica, di chimica, di elettricità. Dopo la scuola secondaria, si iscrive alla Carnegie Mellon, a Pittsbourg, dove sceglie di frequentare ingegneria chimica. Molto presto però abbandona studi che gli paiono troppo rigidi e rivolge il suo interesse alla chimica. Tuttavia, ben presto si accorge che anche in questa materia occorre fare analisi quantitative, dove conta poco l'originalità del pensiero e serve invece avere una certa attitudine a fare lavori di laboratorio. Nel frattempo, qualcuno al dipartimento di matematica si accorge del suo talento e lo convince a dedicarsi a questo tipo di studi, assicurandogli che anche con questi si hanno buone possibilità di carriera.

Nash riparte da Pittsbourg accompagnato da una lettera di presentazione del suo relatore di tesi, tanto succinta quanto efficace: *quest'uomo è un genio*. Il che gli procura qualche offerta di posti per un dottorato, in particolare a Harvard e Princeton. Sceglie Princeton, che a suo dire gli fa un offerta più generosa, e perché così si ritrova più vicino a casa.

Dopo qualche indecisione sull'argomento da sviluppare nelle sue ricerche, Nash ottiene il dottorato con una tesi di teoria dei giochi, che gli porta subito grande fama.

Negli anni successivi, Nash ha un lavoro presso la RAND Corporation, piccolo ma attivo centro di studi strategici in California, che ingaggia i migliori talenti della teoria dei giochi per incarico del governo e dalla marina degli Stati Uniti, e che si accaparra colui che veniva considerato il più grande giovane talento della sua generazione. Il suo rapporto con la RAND è tempestoso, perché non è più la teoria dei giochi il suo interesse principale. Del resto, era sempre stato in dubbio se dedicarsi a una disciplina applicata oppure alla matematica pura, come la maggior parte dei presenti all'IAS riteneva più prestigioso. E dopo la tesi, i suoi interessi si sono rivolti piuttosto a difficili problemi astratti, che non a questioni di natura strategica. Fatto sta che dalla RAND qualche anno dopo viene licenziato, con un accusa di omosessualità mai provata. Ha anche un figlio da una donna frequentata saltuariamente e che non riconoscerà mai, pur avendo con lui rapporti che, sia pure con pause più o meno lunghe, si sono mantenuti fino ad oggi. Questa è la parte oscura della sua vita. Ben lontana, in effetti, da quella ufficiale: il giovane talento sembra mantenere tutte le promesse; risolve in rapida successione tre problemi considerati inattaccabili o quasi dagli altri matematici e li risolve con tecniche e ragionamenti molto sorprendenti. È invitato in varie Università, insegna al MIT, viene messo in copertina da una rivista di larga diffusione, come uno dei giovani talenti più promettenti e più influenti dell'inizio della seconda parte del secolo. Nel 1956 si sposa con una bellissima ragazza sua ex allieva al MIT, Alicia. Da notare che, all'epoca di Nash, le alunne iscritte al MIT erano quattro...

Nel 1959 Nash rassegna le dimissioni dal MIT, perché i disturbi mentali apparsi poco tempo prima si sono fatti troppo evidenti per essere nascosti.

Nash è affetto da schizofrenia paranoide, una malattia della mente che rende impossibile il lavoro e pressoché impossibili le relazioni sociali. Nei trent'anni successivi John Nash viene spesso ricoverato in case di cura, sempre contro il suo volere, sottoposto a cure anche pesanti, come l'elettroshock. Passa anche periodi più sereni, in cui viaggia e scrive anche alcuni lavori.

Tuttavia, la sua vita appare irrimediabilmente segnata e il passar del tempo sembra peggiorare la situazione. Alicia chiede il divorzio, spaventata soprattutto dalla possibilità che John possa fare del male al loro figlio. Anche se bisogna sottolineare che non lo abbandonerà mai completamente; qualche anno dopo lo riprenderà anche in casa, e recentemente si sono addirittura risposati.

Agli inizi degli anni novanta colui che da tanto tempo veniva ormai chiamato *lo spettro*, comincia ad andare a qualche seminario, a scrivere qualche mail, a scambiare qualche parola con i colleghi. Quel che nessuno si aspettava più è accaduto. Nash sembra tornare a una parvenza di vita normale. Al punto che i pochi amici che mai lo avevano abbandonato decidono di candidarlo per il premio Nobel, come riconoscimento del suo enorme talento, e nella convinzione che il premio lo avrebbe aiutato, da un lato dal punto di vista psicologico, dall'altro da quello materiale: da trent'anni Nash non ha uno stipendio.

Il resto è storia recente. Il premio, articoli sui giornali e la biografia scritta da Sylvia Nasar, che ha portato su di lui l'attenzione dei media. Dalla quale è nato il film *A beautiful mind*, con Russell

Crowe nella parte di Nash, un successo mondiale, che ha vinto numerosi premi e che lo ha fatto diventare un personaggio pubblico noto in tutto il mondo.

Oggi Nash vive a Princeton, e ogni tanto accetta inviti che gli piovono da tutto il mondo; sempre più raramente in verità, perché ostacolato dall'età che avanza e soprattutto dal fatto di dover assistere il figlio avuto da Alicia, che soffre del suo stesso male.

Von Neumann

Ho parlato della storia di questa controversia in così gran dettaglio, perché ritengo che essa costituisca il migliore antidoto al pericolo di dare per scontato l'immutabile rigore della matematica. Questi eventi sono accaduti durante la mia vita e io so come, durante questo episodio, le mie vedute circa le verità assolute della matematica cambiarono con una facilità umiliante, e come cambiarono tre volte di seguito. Sono le parole, davvero molto interessanti, di uno degli scienziati più prolifici, più noti, più influenti del secolo scorso. E sono parole legate ai risultati di un grande genio di cui abiamo già parlato, Kurt Gödel. Chi le ha pronunciate si chiama von Neumann.

János Lájos Neumann nasce a Budapest il 28 dicembre 1903. I suoi genitori sono membri importanti della comunità ebraica della città. Il padre, avvocato, è il direttore di una delle più importanti banche della capitale. La famiglia garantisce a János una vita senza problemi economici e un ambiente culturale ricco di stimoli. Nel 1913 il padre ottiene un titolo nobiliare che il figlio esibirà sempre. Fin da piccolo, János vive in un ambiente culturalmente molto effervescente e riceve un'istruzione di primo livello. La sua formazione privilegia la matematica, ma è anche ricca di studi filosofici e scientifico-tecnologici; questi faranno di lui uno degli scienziati più poliedrici del ventesimo secolo.

La disfatta nella prima guerra mondiale pesa sull'ambiente matematico e su ogni aspetto, culturale e non, della vita di Budapest. Questo provoca una migrazione di quasi tutti gli scienziati più famosi, tra cui parecchi matematici di fama, e di giovani talenti emergenti. Von Neumann non fa eccezione. Nel 1921 si iscrive all'Università di Budapest, ma frequenta contemporaneamente anche quella di Berlino, dove segue corsi di chimica e di meccanica statistica. Nel 1922, a soli 18 anni, pubblica il suo primo articolo di matematica. Studia poi ingegneria chimica al Politecnico di Zurigo, più per compiacere il padre che non per reale interesse. Nel 1925 presenta la tesi di dottorato all'Università di Budapest, sul tema dell'assiomatizzazione della teoria degli insiemi. L'interesse per le questioni assiomatiche lo accompagnerà tutta la vita, anche quando si dedicherà a temi molto più applicati e sarà uomo dai mille impegni pubblici.

Nel frattempo, von Neumann comincia a visitare Göttingen, ove ha sede quella che al momento è forse la più prestigiosa scuola di matematica del mondo.

L'inizio della sua carriera è reso possibile dal sostegno economico della famiglia. Nel 1930 accetta il posto di professore invitato di fisica matematica presso l'Università di Princeton. Inizia così la sua esperienza negli Stati Uniti, da dove rientrerà varie volte in Germania, fino all'ultima visita del 1933. A settembre del 1930 partecipa ad un convegno che si tiene a Königsberg; è qui che sente parlare per la prima volta un giovane schivo che non attira granché l'attenzione dell'uditorio... si tratta di Gödel, che parla del suo teorema di incompletezza.

Von Neumann, naturalmente, è un eccezione, nell'uditorio distratto. Infatti, percepisce immediatamente la portata dei risultati di Gödel e da questo momento si manterrà sempre in contatto con lui e si darà da fare per farlo invitare a Princeton.

Nel 1933 Hitler sale al potere. L'esperienza di Göttingen si esaurisce: i principali professori sono costretti alle dimissioni; per von Neumann comincia il distacco dall'Europa. Nel 1930 si sposa, nel 1935 nasce la figlia Marina, nel 1936 divorzia. Nel frattempo, ottiene la nomina di professore all'IAS.

Il periodo relativamente tranquillo di Princeton è destinato a terminare, alla vigilia della seconda guerra mondiale, in quel 1938 che produce una svolta radicale nelle attività scientifiche di von Neumann. Le ricerche di tipo militare cominciano ad assorbire sempre più il suo tempo. Nel settembre del 1943 inizia la sua collaborazione con il Laboratorio di Los Alamos, dove si sta in tutta segretezza sviluppando il progetto Manhattan, che ha l'obbiettivo di costruire la bomba atomica. Dopo la fine della guerra, gli scienziati si dividono sull'opportunità di continuare le ricerche in ambito nucleare. C'è chi, come Oppenheimer, partecipa attivamente

alla formulazione della politica nucleare americana; altri, come
Einstein, si schierano su posizioni pacifiste. Von Neumann ribadi-
sce più volte che le sue competenze sono esclusivamente tecniche,
tuttavia prende chiaramente le distanze dai movimenti pacifisti. I
suoi atteggiamenti non lasciano dubbi sul fatto di essere schierato
in favore di un ulteriore sviluppo della tecnologia nucleare. Le sue
responsabilità nei vari progetti politico-militari aumentano, così
come le sue consulenze per vari laboratori o enti di ricerca. Rag-
giunge il vertice della carriera quando viene nominato membro
dell'AEC, la commissione per l'energia atomica.

La complessità dei problemi da lui affrontati, sia in campo
militare sia "inventando" la teoria dei giochi, portano alla sua
attenzione il problema di compiere lunghi e difficili calcoli, non
affrontabili dalla mente umana in tempi accettabili. D'altra parte
cominciano ad essere costruite le prime macchine per il calcolo
veloce, per cui non c'è nulla di strano nello scoprire che von Neumann si interessa in maniera particolare anche di questo campo.
E come sempre, del resto, il suo interesse non è rivolto ad un solo
aspetto della questione. Infatti, si impegna tanto nelle questioni
tecniche legate alla realizzazione di potenti macchine di calcolo,
quanto nei fondamenti teorici della struttura di tali macchine.
Grazie alla sua influenza, l'università di Princeton decide di realizzare il suo progetto, che egli segue anche nelle fasi di attuazione
pratica, dalla ricerca di finanziamenti alla realizzazione delle parti
hardware. Il programma per la realizzazione del progetto richiede
molto più tempo del previsto per essere realizzato e, quando, nel
1957, il calcolatore è donato all'Università di Princeton, di fatto
è già tecnologicamente superato.

Per quanto von Neumann abbia una mole impressionante di
incarichi pubblici e privati e di contratti di consulenza con varie compagnie, manifesta ora l'intenzione di tornare ad una vita
più accademica. Tuttavia i suoi progetti subiscono un'interruzio-
ne brutale, a causa della malattia che comincia ad aggredirlo. Gli
viene diagnosticato un cancro osseo. Pur essendo malato, continua
a lavorare febbrilmente. Alla fine del 1955 comincia a camminare
con molta difficoltà, a causa di lesioni alla colonna vertebrale. Nonostante questo, nel marzo 1956 firma un accordo per entrare a
far parte dell'Università della California, come consulente dei vari
dipartimenti. Ma la malattia ormai ha preso il sopravvento e von
Neumann si spegne a Washington l'8 febbraio 1957, a 53 anni.

Von Neumann in un francobolllo

Contributi eccezionali

Fin qui, un riassunto breve della vita di questi tre grandissimi personaggi. Ora qualche considerazione sui loro contributi straordinari, e sulle loro vite, anch'esse fuori dalla normalità.

Gödel

Gödel ha scritto lavori molto difficili dal punto di vista matematico. Credo che le dimostrazioni della maggior parte dei suoi teoremi siano pressoché inaccessibili persino a un buon numero di matematici, perlomeno quelli che hanno interessi piuttosto lontani dalla logica. Eppure, e in questo il suo caso è unico, i suoi risultati, così tecnici, hanno avuto e stanno avendo un enorme impatto nella storia della logica e filosofia. In senso lato intendo, con tutte le implicazioni conseguenti su altre discipline umane, come ad esempio la psicologia. Su Gödel e il suo pensiero esistono molti contributi, la maggior parte dei quali anche autorevoli. Qui cerco di dire, in poche e molto imprecise parole, che cosa è stato e che cosa significa il risultato più celebre.

Per fare questo, è necessario ricordare che, agli inizi del Novecento, c'era una scuola di pensiero, il cui membro più influente era il famoso matematico David Hilbert, che sosteneva fosse giunto il momento di provvedere a una sistematizzazione della matematica. Che cosa significa questo? Con una visione ingenua delle cose, si potrebbe dire che la matematica "prende atto" di certi fenomeni e, attraverso delle regole logiche, ne deduce delle conseguenze.

Ma già Euclide capisce che occorre un approccio di tipo differente: in quelli che forse rimarranno per sempre i più famosi libri di matematica presenta la geometria come una disciplina che parte da alcuni *concetti primitivi* (punto, retta ecc), da alcune *premesse indiscutibili* (i cosiddetti assiomi), per dedurne, tramite regole logiche, tutte le conseguenze possibili, i *teoremi*. Questo metodo appare in geometria estremamente efficace e potente e va in qualche modo esteso ad altre parti della matematica. Ad esempio, alla teoria degli insiemi. Siamo all'epoca, è bene non dimenticarlo, di Russell e delle sue celebri antinomie. Portando il discorso alle sue più lontane conseguenze, Hilbert sostiene che gli assiomi di partenza di ogni teoria hanno bisogno di un solo requisito: non devono presentare contraddizioni. Dunque, l'idea dominante nella matematica di allora è di fornire un'assiomatica coerente, da cui dedurne poi, in maniera necessaria, tutte le conseguenze *vere* all'interno della teoria. Vale la pena ricordare che questo tipo di approccio "filosofico" alla conoscenza è talmente al centro dell'attenzione, che la questione dei cosiddetti fondamenti non riguarda solo la matematica o le scienze, ma anche altri aspetti dell'umano sapere. Il famoso scrittore, e matematico dilettante, Raymond Queneau, scrive alcune pagine gustose sul tema dei fondamenti della letteratura, sulla falsariga dell'approccio di Hilbert.

In questo ambiente culturale, Gödel affronta, nella sua tesi di dottorato, la questione della completezza della logica del primo ordine. Riesce, in questo contesto, a dare una formulazione matematica corretta e precisa dei concetti di *vero* e di *dimostrabile*, e dimostra il suo primo, famoso risultato, l'atteso teorema di completezza della logica (del prim'ordine): *il sistema di assiomi e di principi di inferenza postulati sono sufficienti per la derivazione di ogni proposizione logico-matematica.*

Questo risultato, contenuto nelle tesi di dottorato e poi pubblicato nel 1931, gli dà subito molta notorietà: Gödel ha matematizzato in maniera efficace e risolto brillantemente il teorema di completezza.

E dunque, perché fermarsi alla logica? Adesso è il turno di altri campi della matematica, ad esempio l'aritmetica...

Nel Settembre del 1930 a Königsberg si tiene un convegno cui ho già fatto cenno, che prevede una sessione dedicata a questioni legate ai fondamenti. Ci si aspetta che Gödel illustri il suo teorema di completezza. Invece, ecco che annuncia di aver dimostrato il teorema di *incompletezza* dell'aritmetica.

I ricordi (dei ricordi) dei presenti sembrano concordi sul fatto che il risultato *non* abbia sollevato grande attenzione: probabilmente anche il carattere schivo e timido di Gödel ha contribuito a questo. Ma fra i presenti c'è von Neumann, cui non sfugge l'importanza rivoluzionaria del risultato. Che va ben al di la dell'affossamento definitivo del programma di Hilbert!

Sostanzialmente, il teorema di Gödel afferma che una qualunque assiomatica non contraddittoria della teoria dell'aritmetica (e non solo dell'aritmetica) non potrà mai essere completa: qualunque essa sia, ci saranno pur sempre delle affermazioni *vere* che non potranno essere dimostrate!

Nel teorema c'è dell'altro. In particolare, che la teoria (nessuna teoria di questo tipo) non può provare la propria *coerenza*.

Gödel ha dato altri contributi, tutti molto originali, anche in altri campi della logica e non solo. Si ricordano suoi risultati importanti sulla teoria degli insiemi, sulla logica intuizionista, e sulla relatività, teoria della quale discuteva con Einstein all'IAS. Ha anche scritto, come ho già detto, una dimostrazione dell'esistenza di Dio...

Non c'è dubbio che tutti i suoi risultati siano notevoli. Ma Gödel non sarebbe diventato Gödel senza il teorema di incompletezza. Moltissimi, la maggior parte probabilmente a sproposito[62], hanno scritto di Gödel e dell'incompletezza. Non importa davvero, secondo me, se il suo nome è utilizzato per fargli dire cose che il suo teorema non ha mai detto. In fondo, le cose veramente importanti sono le *reazioni* che i comportamenti e le idee provocano. E non è troppo difficile capire perché quel preciso risultato matematico ha provocato tali e tante reazioni. Vediamone qualcuna, che ha colpito e colpisce me.

Il primo aspetto interessante è ovviamente legato al concetto di incompletezza. Che nella vita pratica, che nelle scienze sperimentali, le teorie, le spiegazioni siano necessariamente provvisorie e parziali, non stupisce nessuno. Le teorie di Newton sono eterne, nella storia del pensiero scientifico, ma sorpassate, almeno per

---

[62] Quorum ego...

quanto riguarda la comprensione di certi fenomeni. Lo stesso succederà con la teoria della relatività. Ma dalla matematica, nessuno se lo aspetterebbe! Il teorema di Pitagora è vero per sempre. La matematica è... precisa, perfetta. Davvero? Proprio no, Gödel ha fatto vedere che anche la matematica ha in sé qualcosa di inafferrabile, che non può essere racchiusa in formule, che può essere vero ma non dimostrabile!

È un ribaltamento dell'idea che della matematica ha la maggior parte delle persone e che avevano i matematici stessi prima di Gödel. Meno di cent'anni fa la pensavano tutti così. Il teorema di incompletezza ci ha costretto a cambiare prospettiva e lo ha fatto per sempre. La matematica, né più né meno che le altre discipline, non ha una verità precostituita, non può dimostrare tutto quello che è vero.

Questo basterebbe a fare del suo risultato una pietra miliare del pensiero, e intendo proprio pensiero, senza aggettivi. Ma c'è molto di più. Un'altra parte veramente interessante riguarda il problema della coerenza. Il teorema di Gödel è un contributo eccezionale al discorso sui sistemi che parlano di se stessi. Non a caso, presentandolo, cita il paradosso del mentitore: "Io sto mentendo". Se sto mentendo, allora sto dicendo la verità, se sto dicendo la verità, allora sto mentendo...

I sistemi non possono parlare di se stessi, i pazienti non possono autocurarsi, il barone di Münchausen non può tirarsi su dalla pozza afferrando il proprio codino; checché ne dicesse il mio professore di filosofia, un ventilatore, per quanto potente, messo su una barca a vela non la fa avanzare.

Adesso lasciamo Gödel, per dedicarci a Nash. Alla fine, quando rimetteremo insieme i tre personaggi, diremo ancora qualcosa di questo signore davvero fuori del comune.

Nash

La schizofrenia è una malattia dalle origini tutt'altro che chiare e per la quale solo recentemente si sono trovati rimedi di una certa efficacia, ma pur sempre parziali. Si ipotizza una predisposizione familiare, ma non ci sono certezze. Accompagnata dalla paranoia, si manifesta agli altri quando la persona che ne è affetta comincia ad avere ossessioni rispetto a fatti che agli occhi di tutti sono casuali o del tutto normali: Nash vede complotti in tutto, scopre messaggi, che a suo dire riceve da misteriose entità straniere, dove messaggi non ci sono, come ad esempio numeri che appaiono casualmente nelle pagine dei giornali. Sente voci. Ma soprattutto, e questo è l'aspetto paranoide della malattia, soffre di manie di grandezza. In certe occasioni afferma di essere l'imperatore dell'universo e per questo, trovandosi in Europa mette in subbuglio un certo numero di consolati perché pretende di rendere il suo passaporto statunitense; in altre sostiene di essere il piede sinistro di Dio. Tra ricadute, alternate a periodi migliori, e subendo ricoveri coatti, trascorrono trent'anni circa. I primi tempi Nash riesce anche a viaggiare, scrive qualche lavoro, di livello tutt'altro che disprezzabile, anche se ben lontano della qualità dei suoi primi studi. La maggior parte del tempo però, soprattutto negli anni ottanta, vive in isolamento mentale, perso nei suoi deliri; un fantasma che si aggira per Princeton. Agli inizi degli anni novanta, qualcosa cambia. Nash, che ha sempre avuto il permesso di recarsi all'Istituto, perché i matematici avranno tutti i difetti del mondo, ma sanno riconoscere e onorare il talento, comincia a rispondere ai saluti dei colleghi e alle loro mail. Comincia a partecipare più attivamente del solito a seminari e discussioni, sembra di nuovo tornato a una apparente normalità.

Nash sembra guarito. Ma che cosa pensa del periodo della sua malattia, che sensazioni gli hanno lasciato i trent'anni in cui si è isolato dal mondo?

Se leggete il bel libro *Diario di una schizofrenica* (M. A. Sechehaye, *Diario di una schizofrenica*, Giunti, Firenze, 2000), la protagonista, che durante la malattia è arrivata a pensare di se stessa come della principessa delle Ande, è felice di *essere ritornata nella bella realtà* e ripensa con orrore ai tempi della sua malattia.

Per Nash non è così: ecco alcune frasi tratte dell'autobiografia: *ho alla fine rinunciato alle mie ipotesi deliranti e sono tornato ad avere una visione di me stesso come essere umano* più convenzionale... *Pertanto sembra che adesso stia di nuovo pensando razionalmente secondo lo stile tipico* degli scienziati. *Tuttavia, questo non è solo motivo di gioia, come accade ad una persona che torna ad essere in forma dopo un periodo di incapacità fisica. Un aspetto del problema è che la razionalità di pensiero pone dei limiti alla concezione che un essere umano ha delle sue relazioni col cosmo.*

Sono le parole di una persona che *rimpiange* una parte importante delle emozioni, se non dei pensieri, che aveva durante la malattia. Nella postfazione al libro che H. Kuhn e S. Nasar hanno scritto e che contiene molte notizie interessanti sulla sua vita, un album fotografico e i suoi lavori più significativi[63], scrive ancora: *nell'esperienza globale di una persona non esiste "l'essenziale" o il non "essenziale"*[64]. *La cosa più bella è che un essere umano ha la possibilità di esistere e di vivere e che può sperare nella reincarnazione o di andare in paradiso quando la sua vita terrena sarà davvero arrivata alla fine e farà parte ormai della storia.*

Queste frasi sono scritte per una biografia in occasione del conferimento del premio Nobel e come postfazione ad un libro che contiene i suoi lavori sulla razionalità in economia! Parole quanto meno originali.

La mia impressione è che Nash abbia fatto la scelta intellettuale di guarire. Certo, l'età e le medicine hanno attutito la forza dei suoi deliri. Ma lui sembra decidere di abbandonarli e lo fa con molto rimpianto. È come se, ad un certo punto, avesse fatto un bilancio ed avesse scoperto che tutto sommato sarebbe stato meglio per lui tornare ad essere più convenzionale. Nash è stato, come già detto, un grande della matematica del ventesimo secolo, è sicuramente una persona famosa, ma questo non gli basta. Ascoltiamo ancora qualche sua parola. Le prossime, le ha dette ad un gruppo di professori e giornalisti, all'Università di Napoli, nel giorno in cui gli è stata conferita la laurea *honoris causa* in Economia. Alla tutt'altro che originale domanda:
Lei nella vita ha incontrato molti John Nash?
Ha risposto:
Ho conosciuto un altro J.F. Nash, ma ora non c'è più. Era mio padre. Conosco un altro J. Nash, ma non J.F. Nash, lui è J.C. Nash. È mio figlio. Non mi viene in mente nessun altro. Certo, J. Nash non è un nome comune, come potrebbe esser J. Smith.

Mi sembra un modo per ribadire la sua ossessione di sempre: quella di *essere unico*, e riconosciuto come tale agli occhi del mondo.

---

[63] Edizione Italiana, John Nash, *Giochi non cooperativi*, a cura di H. Kuhn e S. Nasar, Zanichelli, Bologna (2004).
[64] Allusione al titolo inglese del libro, *The essential John Nash*.

Probabilmente Nash non sarebbe bastato a se stesso qualunque cosa avesse fatto nella vita, e questo è stato il suo destino, cui ha cercato di sfuggire senza riuscirvi.

Concludo ricordando un altro aspetto abbastanza curioso della vicenda personale e scientifica di Nash. I suoi contributi alla teoria dei giochi, di cui parlo in altre parti del libro, sono certamente notevoli. Ma l'aspetto più importante dei suoi risultati è l'impatto che hanno avuto in seguito, quando altri scienziati hanno cominciato ad utilizzarli, in vari ambiti. Lui non ha partecipato per nulla a questi sviluppi. Nel film, che ha molte cose romanzate, c'è una battuta che sicuramente, se non vera, è veritiera. Quando gli viene detto che gli è stato assegnato il Nobel per l'importanza che il suo modello non cooperativo aveva avuto in Economia, lui risponde che non si sarebbe mai immaginato che fossero possibili tali applicazioni. Del resto, come lui stesso dice, l'idea di equilibrio di Nash è presente già in Cournot, anche se non sviluppata. Tutto questo è abbastanza anomalo, nella storia del premio. Sono molto diversi i suoi risultati matematici. La loro profondità è eccezionale, le sue tecniche dimostrative assolutamente originali. Un matematico apprezzerà sempre più i suoi risultati in matematica pura che non i suoi modelli di teoria dei giochi. E lui pure, probabilmente, la pensa così. Anche questo suona un po' paradossale: essere diventato tanto famoso per certi lavori, che per lui erano meno importanti di altre cose cui si è dedicato con un impegno ben superiore.

Von Neumann

La vita di von Neumann ha aspetti di impatto emotivo meno immediato di quella dei suoi colleghi di Princeton di cui ho parlato prima. La parte di "eroe romantico", come in fondo sono Gödel e Nash, non gli si addice per niente. Anzi. È stato accusato di tutto e il personaggio è sicuramente controverso. Tacciato di essere guerrafondaio: non è difficile riconoscerlo nella figura dello scienziato pazzo del film "Il dottor Stranamore" di S. Kubrick. Dipinto come razionalista all'eccesso, cinico nella sua elaborazione fredda della strategia del primo colpo, nella guerra atomica, per la sopraffazione di un nemico che altrimenti secondo lui avrebbe distrutto l'America. Allo stesso tempo vanesio, ossessionato dalle donne, servile con i potenti: di lui si è detto tutto. È probabile che non fosse una persona particolarmente simpatica, è certo che questi giudizi sono molto ingenerosi, quando non falsi del tutto. Ogni persona ha le proprie radici nella propria storia e von Neumann non è un'eccezione. La sua ossessione per il nemico, ad esempio, è sicuramente giustificata dal fatto che il suo paese ha vissuto il dramma di una dittatura sanguinaria.

Non voglio commentare su questi aspetti della sua vita e del suo carattere; mi sembra piuttosto che sia interessante mettere in evidenza il fatto che sia stato una persona di un'intelligenza assolutamente fuori del comune, anche nel contesto di gente eccezionale, quale ha sempre frequentato nella sua vita. Già da piccolo, del resto, aveva fama di genio precoce. Quel che impressiona in lui è la rapidità con cui capisce le cose e la sua assoluta versatilità. Gli interessi e i contributi di von Neumann toccano campi della matematica (e della fisica) ben lontani da loro. Un aspetto della matematica sconosciuto al pubblico, e che sorprende chiunque non sia addetto ai lavori, è la sua enorme vastità, che fa sì che due esperti in settori lontani abbiano probabilmente più difficoltà a comunicare che non, ad esempio, un matematico che studia teoria dei giochi e un economista.

A proposito, ho fatto un piccolo cenno ad alcuni dei risultati di Gödel e Nash; non provo nemmeno ad avventurarmi in quelli di von Neumann. Che sono certamente di impatto minore per la storia del pensiero, ma di grande importanza in molto aspetti della matematica.

Von Neumann si è occupato di fondamenti, cioè di una matematica molto astratta, sia in teoria degli insiemi sia in meccanica quantistica. Ha studiato l'architettura del calcolatore. Si è occupato di gasdinamica. A Fort Alamos c'erano fisici e militari impegnati nel progetto della bomba: facevano molta fatica a capirsi fra loro. Chi riusciva a fare da *trait-d'union*? Sempre lui. Ha fondato una disciplina, la teoria dei giochi. Il suo libro con Morgernstern è del 1944. È un libro di un migliaio di pagine, più o meno. L'hanno scritto in meno di un anno. In piena guerra, cioè nel momento in cui von Neumann era impegnatissimo in progetti molto concreti, e che assorbivano tutte le energie delle persone coinvolte. Non tutte le sue, evidentemente. È morto a 53 anni. Quello che ha fatto avrebbe potuto riempire le vite di tre persone, con la sua profondità di pensiero ma con una velocità di comprensione più "normale".

In conclusione, in questo capitolo ho parlato di tre grandi pensatori del ventesimo secolo. Che avevano qualche cosa in comune. La più evidente: hanno frequentato per molti anni lo stesso posto, uno dei più prestigiosi al mondo dal punto di vista della matematica: l'Institute for Advanced Study di Princeton. Non è un caso che si siano trovati lì assieme: Gödel è stato invitato su precisa richiesta di von Neumann. Nash si è occupato di teoria dei giochi, nella sua tesi, probabilmente per l'influenza esercitata su di lui dal grande carisma di von Neumann. In effetti dopo, come abbiamo visto, i suoi interessi si sono spostati verso altre parti della matematica. Von Neumann, con i suoi risultati a tutto campo, ha dei punti di contatto con entrambi, pur senza aver avuto dirette collaborazioni con essi. Su logica e fondamenti, con Gödel, sulla teoria dei giochi con Nash. Anche se, per verità storica, occorre dire che il modello non cooperativo proposto dal giovane studente di dottorato non piace al grande professore, che lo liquida come "un altro teorema di punto fisso": uno dei pochi casi in cui von Neumann non ha granché capito...

C'è un altro aspetto che lega due dei tre personaggi, e cioè Nash e Gödel: entrambi hanno dovuto convivere con enormi problemi della mente. Da una parte, schizofrenia per Nash, dall'altra, manie depressive per Gödel. Lascio ad altri vedere una correlazione fra genio e malattia. Un discorso certamente suggestivo, molto suggestivo, ma più romantico che scientifico.

Mi limito, per concludere, a osservare una cosa. È chiaro che Gödel e Nash sono state menti assolutamente eccezionali, hanno avuto un cervello con un talento mostruoso. Sembra difficile essere persone equilibrate, quando si è pieni di talento: è una regola che sembra valere anche per calciatori, tennisti, attori, insomma per tutti quelli che escono davvero dal coro. Il cervello è uno strumento potente. Avere un cervello pieno di talento è una cosa pericolosa. Forse ne vale la pena, certamente rende la vita un compito estremamente difficile da portare avanti.

Gödel e Nash ne sono, in questo senso, due esempi straordinari.

Intermezzo 5

La matematica è una forma di pensiero versatile. Un linguaggio universale, per le altre scienze, che senza di essa non potrebbero neanche lontanamente immaginare quei risultati che invece quotidianamente raggiungono. L'applicazione più evidente è alla fisica, ma ce ne sono di altrettanto potenti e forse meno note. Oggi la medicina non può praticamente più farne a meno, ne hanno bisogno le scienze sociali, un modello matematico può fare la differenza per vincere una regata o una medaglia alle olimpiadi. Basandosi solo su sperimentazione, e la bravura di tecnici e piloti, la formula uno, senza equazioni, non sarebbe neanche lontanamente al livello che ha raggiunto oggi.

Corsi di matematica sono presenti, ormai, in praticamente tutti gli studi universitari, non solo in quelli scientifici. Questi corsi sono insegnati dai professori universitari di matematica. Che hanno le loro opinioni e un rapporto particolare con il lavoro che fanno e la disciplina che insegnano. In quest'ultimo intermezzo ho il piacere di raccontare alcune delle cose che il lavoro e la matematica mi danno. Ripeto alcune cose già dette, ma non mi sembra grave.

Passione per Trilli

Provo passione per il mio lavoro. In questa cosa e in tante altre, sono fortunato. Il primo aspetto che voglio evidenziare è la libertà. Da subito, appena ho cominciato, ho avuto pochi vincoli e obblighi. Ho avuto ed ho la libertà di studiare quel che voglio, con chi voglio. La libertà di decidere per un certo periodo di accettare compiti istituzionali (molto spesso noiosi), ed in altri di prendermi un anno sabbatico. Libertà di scegliere con chi lavorare, di decidere un anno di organizzare seminari in un'università che non è la mia, perché in quella c'è un interesse più specifico per i temi che mi attraggono in quel momento.

In fondo, libertà di scegliermi da solo i vincoli entro i quali racchiudere la mia vita. Di lavorare sodo, perché voglio lavorare sodo, e perché il fatto di poter spesso arrivare al mattino quando voglio non mi impedisce di sentirmi in agitazione se ritardo di un po', rispetto all'orario che mi fisso io. E non parlo dei giorni in cui ho lezione, ovviamente! Spesso, servire i nostri impulsi, quella che molti chiamano la propria coscienza, può essere faticoso. Ma che bello servire la propria, e non le esigenze di altri!

Ho amici in molti paesi del mondo, che mi sono fatto con il mio lavoro. Tra i miei ricordi più belli, una sera in una Jacuzzi, sopra di me le stelle del cielo di California, sotto i miei occhi le luci della baia di Santa Barbara. Conversando con un collega, inglese, sua moglie, francese, la figlia e il fidanzato della figlia, sudafricano. Una tavoletta di cioccolata, mangiata con un amico inglese che vive in Canada, su una cima a tremilatrecento metri, con un panorama mozzafiato, e un silenzio che ci ha unito più di mille parole. Un bagno notturno in una notte dolcissima sul Mar Nero, una conversazione sul treno con Petar, un amico bulgaro con cui potevo parlare solo in inglese, e non immaginavo di poter dire e capire in una lingua straniera cose e sentimenti che avrei fatto fatica ad esprimere in italiano. Assistere alla curiosa cerimonia del matrimonio di Anna, la figlia di un amico, in quel paese stupendo che è Israele, con la sua natura incredibilmente bella a nord e a sud, con la sua gente incredibilmente diversa, dal ragazzo alto, biondo, occhi azzurri di chiara origine nordica, agli ortodossi con i loro vestiti improbabili, da quelli che non si distinguono dagli Yankees agli ultimi immigrati russi, che leggono soltanto il cirillico. Per finire ai tanti soggiorni in Francia, dove in certe città mi sento più a casa che nella maggior parte di quelle italiane.

Non voglio dire che tutto questo può accadere solo a chi fa vita accademica. Credo però che aiuti il nostro lavoro, per tanti aspetti. Anche mio padre ha viaggiato moltissimo per lavoro, ma il suo viaggiare aveva ritmi più frenetici, quelli imposti dal lavoro nell'industria. Noi, anche se in media lavoriamo molto di più di quel che la gente pensi, abbiamo necessità di qualche pausa, e ce le possiamo permettere.

Mi piace insegnare. Mi piace stare con i ragazzi. Mi fanno ridere, mi diverto. Il passare del tempo si sente non solo giocando a tennis, si sente soprattutto perché aumentano i pesi psicologici dentro di te, senti tante responsabilità (soprattutto quelle che ti inventi). Gli studenti sono giovani. Anche se sono seri, anche se studiano, e la maggior parte di quelli cui insegno studiano e sono seri, hanno sempre comunque la voglia di scherzare, di fare casino. Ricordo ancora quando abbiamo laureato i primi ingegneri matematici e fisici. Abbiamo fatto una piccola festa, il Rettore in toga ha letto i loro nomi, abbiamo stretto la mano a tutti, erano i primi, erano tra i più bravi. A un certo punto, per frenare il casino il Rettore ha dovuto minacciare, ovviamente scherzando, di non laurearli più. Ovviamente rideva anche lui.

Tutto questo, forse, lo potrebbe dire anche chi insegna filologia romanza, o fisiologia dei pesci. La matematica qui sembra un dettaglio.

Ovviamente, per me non è così. Ho passione anche per la matematica. Che mi stufa anche, sia chiaro. Che trovo spesso molto noiosa. Ci sono interi settori che non mi dicono nulla. Ma ci sono anche cose stupende.

Prima di tutto, la matematica ti dà idee, tante idee, e te le dà in maniera un po' diversa da altre discipline. Certo, è facile dire che la Divina commedia, o Cent'anni di solitudine, sono opere universali, non tanto per quello che raccontano, ma per quello che *fanno pensare*. L'opinione comune è che la matematica faccia pensare, e per forza! Perché devi capire dei concetti (difficili). Se fosse tutto qui, che banalità! Ho provato a spiegare, con esempi, che la matematica permette, suggerisce delle riflessioni su temi apparentemente lontani, mette in luce aspetti e approcci originali ai problemi che ci poniamo da sempre, come esseri umani. Ho fatto qualche esempio, ce ne sono tanti altri.

La matematica, anche se vista da molti come una cosa fredda e astratta, è invece piena di vita, e come la vita è piena di contraddizioni.

Mi piace il fatto che, come ho già detto, un teorema è vero per sempre. Mi piace che, se discuto con un amico un risultato che uno dei due pensa di aver dimostrato e che l'altro invece giura che sia sbagliato, dopo un po' uno dei due convince l'altro. Ho avuto una volta, con un amico che è un matematico molto più famoso di me, una discussione in auto, mentre lo accompagnavo al posto dove alloggiava, durante una delle sue visite. Ha fatto un'affermazione, io gli ho fatto una piccola osservazione. Risposta: quel che dici tu è esattamente quel che dico io. Non proprio, gli ho ribattuto io, in realtà le due cose sono equivalenti solo in dimensione finita, e se non ci credi posso farti un esempio. Mi ha chiesto l'esempio, ma non sono stato chiaro, perché guidando non è così facile. Dopo aver affermato di non aver capito nulla, cinque minuti di silenzio, poi l'ho sentito mormorare: "Ho pensato per trent'anni una cosa sbagliata".

Semplice, qualche tempo prima avevo messo quella piccola, poco importante questione come esercizio in un libro. Per cui ero abbastanza sicuro di avere ragione... Ora vorrei che immaginaste la stessa scena fra due persone che discutono di qualcosa che non sia matematica; quando mai succede che, partendo da due idee diverse, uno dei due dopo ammetta che l'altro ha perfettamente ragione?

Tutto questo è molto rassicurante; proprio l'altro giorno leggevo un articolo di matematica di un collega, che cominciava dicendo, più o meno "In un mondo pieno di certezze, tutti nella vita abbiamo bisogno di stabbilità". La matematica ci dà spesso certezza e stabilità e questo è uno dei motivi per cui molti la amano. Ma sbagliano terribilmente quelli convinti che nella matematica tutto sia fermo, perfetto, necessario e definitivo.

La matematica è in continua evoluzione. Sono certo, lo sanno tutti coloro che fanno matematica, che i matematici fra tre secoli faranno cose molto diverse da quelle che facciamo noi, crederanno che siano importanti cose che non immaginiamo nemmeno, e riterranno poco importanti parti della matematica che oggi sono alla moda. I matematici discutono, litigano volentieri, come gli altri, più degli altri. Su ciò che è utile, ad esempio. Senza capire che questa è di per sé una discussione inutile. Hardy, un grande matematico certamente, non aveva dubbi, e con lui i suoi contemporanei, che la teoria dei numeri fosse (la più bella e) la più inutile (intendendo senza applicazioni) delle teorie matematiche: è bastato veramente poco tempo, davvero poco, perché fosse smentito clamorosamente.

La matematica può essere fonte di autoritarismo. Accade, spesso, che bravissimi matematici esercitino un potere, anche psicologico, sugli altri, assolutamente non giustificato. Sia in matematica, sia, e questo è ancora peggio, in tanti aspetti della vita accademica in cui le loro grandi abilità matematiche non servono per nulla a renderli persone più ragionevoli e lungimiranti delle altre. Può essere davvero difficile lavorare con queste persone, che tendono a schiacciarti, anche consapevolmente, con la loro bravura. Allo stesso tempo, la matematica è la più democratica e libera delle attività del pensiero. E questo non lo dimostra certo il solo il fatto che spesso sono persone giovanissime che trovano risultati straordinari. Perché è la forza stessa del risultato a imporsi. Nash ha vinto il Nobel per l'Economia con dei risultati matematici scritti a meno di 25 anni. Gödel ha scritto i suoi risultati più celebri quando aveva meno di 25 anni. Erano liberi. La loro testa gli permetteva di non vederla come i grandi capi dei loro settori. Von Neumann e Hilbert devono accettare che qualcuno più giovane, sconosciuto, abbia delle idee originali. Questo è un po' scontato. Lo è meno che tutto questo possa accadere, ogni giorno, con uno studente che stai seguendo per la tesi di dottorato, o addirittura con uno studente del primo anno che, di fronte alla tua soluzione di un esercizio, può, se vuole, provare a proporne una sua, un po' diversa e a volte più originale. Questo per me è l'aspetto più difficile, ma anche stimolante, da far capire agli studenti, che non trovano di solito la forza di pensare autonomamente (e i loro docenti spesso tendono più a bloccare che a incoraggiare l'autonomia); è però una ricchezza persa, perché anche la matematica, se si vive cooperando, dà frutti migliori, che il gioco sia non cooperativo o cooperativo.

La matematica è un mondo vivo, che contiene anche tante contraddizioni, pieno di difetti. La matematica è possessiva, gelosa e incline alla vanità: proprio come Trilli.

È un mondo in cui può essere molto bello perdersi.

Scienze sociali

In questo capitolo descriverò a mio modo alcuni risultati fondamentali nella teoria matematica relativa alle scienze sociali. In particolare, mi occupo di risultati che, forse non casualmente, sono stati enunciati e dimostrati a distanza veramente molto ravvicinata, negli anni 50 del secolo scorso. Hanno degli aspetti in comune e delle differenze. Cercherò di mettere in evidenza gli uni e le altre e di far capire perché a mio avviso è interessante averne un'idea, non solo per i cosiddetti specialisti. E cercherò di sfuggire alla tentazione di essere troppo tecnico e di spiegarmi il più possibile a parole: di formule in questo libro ce ne sono già abbastanza.

È chiaro che la scienza si è occupata da sempre degli aspetti delle relazioni fra individui, gruppi, nazioni, stati, ma è altrettanto vero che un approccio più matematico e "quantitativo" nell'analisi di questi problemi è storia molto recente, visto che un modo sistematico di trattare con strumenti matematici questi problemi risale alla seconda metà del secolo scorso. Spesso i primi risultati significativi che si ottengono in una disciplina nuova sono molto interessanti, prima di tutto perché sono quasi sempre abbastanza comprensibili e non troppo difficili da esporre, in quanto ancora privi di troppi sofisticati tecnicismi; secondariamente, perché influenzano in maniera profonda tutta la ricerca futura. Ho scelto di parlare di tre fra questi risultati, di cui cercherò anche di mettere in luce aspetti diversi ed analoghe. Sono il teorema di impossibilità di Arrow, il modello di contrattazione di Nash e l'indice di Shapley per giochi cooperativi.

Cominciamo dal teorema di Arrow e da alcuni risultati connessi.

Il teorema di Arrow

Cominciamo col vedere il teorema di Arrow. Desidero provare ad enunciare il teorema in maniera completa, per metterne almeno uno nel libro e perché penso che sia un po' particolare, anche per persone abituate a leggere di matematica. In una prima versione del libro avevo incluso anche la dimostrazione, ma alla fine ho deciso che rappresentava un appesantimento non giustificato. Però ho il file pronto e chi vuole può chiedermelo... Cercherò comunque di commentare e "tradurre" in parole semplici tutte definizioni ed i simboli che introduco e chi non ha voglia di leggere le parti più matematiche dovrebbe poter seguire i ragionamenti che le accompagnano. E se proprio non volete leggere un discorso formalizzato, passate direttamente ai commenti dopo il teorema, di cui faccio un riassunto per chi non si è avventurato nella lettura del suo testo.

Proviamo a fare un esempio: supponiamo che l'assemblea dei proprietari di un condominio debba decidere sull'ordine temporale in cui effettuare quattro tipi di costosi interventi, diciamo rifare la facciata, mettere a norma l'impianto elettrico, cambiare l'ascensore, cambiare l'impianto termico. Ogni proprietario ha, naturalmente, le sue idee sull'ordine in cui effettuare gli interventi. Qual è allora l'ordine di interventi "corretto" che deve scegliere l'amministratore? Naturalmente, come in ogni modello che si rispetti, non importa tanto come risolvere il singolo problema, quanto piuttosto fornire un quadro generale entro il quale (tentare di) risolvere problemi simili a questo. Si comincia allora con il dare le prime definizioni di base, per costruire un modello adeguato ad inquadrare il problema. La prima definizione che ci interessa riguarda il concetto di preferenza; dobbiamo capire e formalizzare che cosa vuol dire che un individuo ha delle preferenze su delle alternative possibili. Capire che significa è del tutto ovvio, vediamo come scriverlo dal punto di vista matematico.

Sia allora A un insieme di alternative, che si assume siano almeno tre, altrimenti il discorso si banalizza; nell'esempio precedente A rappresenta i diversi tipi di lavoro che sono all'ordine del giorno dell'assemblea di condominio. Per definire un sistema di preferenze su A si parte col definire un *preordine totale* su un insieme qualunque.

Definizione 4 *Un preordine su A è una relazione binaria, cioè un sottoinsieme $\mathcal{P}$ di $A \times A$, con le proprietà seguenti:*

1. *Per ogni $a \in A$, $(a,a) \in \mathcal{P}$*
2. *$(a,b) \in \mathcal{P}$, $(b,c) \in \mathcal{P}$ implica $(a,c) \in \mathcal{P}$*

Se poi per ogni $a,b \in A$ si ha che o $(a,b) \in \mathcal{P}$ o $(b,a) \in \mathcal{P}$ (eventualmente tutti e due), il preordine si dice totale *(o* completo*).*

Vediamo di capire il significato della precedente definizione. Ricordiamo che $\mathcal{P}$ vuol rappresentare un modo in cui un individuo esprime le sue preferenze sulle alternative proposte. L'espressione $(a,b) \in \mathcal{P}$ significa che l'alternativa a è considerata, nell'ordine $\mathcal{P}$, preferibile all'alternativa b. Ad esempio, se $\mathcal{P}$ rappresenta le mie preferenze sulle alternative di A, che sono dei frutti e se la coppia (pera, mela) sta in $\mathcal{P}$, questo vuol dire che preferisco una pera ad una mela. La proprietà 1. viene chiamata *riflessività*, mentre la 2. si chiama *transitività*. La 1. sta a indicare che la relazione è di preferenza debole, visto che tra una mela e la stessa mela non posso non essere indifferente. La 2. invece è evidentemente un'ipotesi di consistenza: se preferisco una mela a una pera e una pera a un arancio, è abbastanza naturale pensare che preferisca una mela a un arancio. Il fatto poi che un preordine sia totale implica che non ci sono alternative che non sono confrontabili.

Indichiamo con $\mathcal{P}$ l'insieme delle preferenze come definite nella Definizione 4, cioè $\mathcal{P}$ rappresenta tutte le preferenze possibili che si possono costruire sull'insieme A delle alternative[65]. La notazione

---

[65] Quanti elementi contiene $\mathcal{P}$? Se A contiene solo due alternative, è facile rendersi conto che $\mathcal{P}$ contiene solo tre elementi. Se invece A contiene tre alternative, pensandoci su e con un po' di pazienza si riesce a vedere che ne contiene tredici. Ma se A contiene più di quattro alternative, allora elencare tutti gli elementi di $\mathcal{P}$ diventa impresa disperata: occorre trovare un metodo intelligente per contarli senza elencarli tutti. Nel caso di quattro elementi, $\mathcal{P}$ contiene 84 elementi; è inoltre possibile scrivere una formula, non tanto semplice, per scoprire quanti elementi contiene $\mathcal{P}$, se A contiene un numero generico n di elementi. Io non la conoscevo e ho chiesto in classe di

$(a, b) \in \mathcal{P}$ mette bene in evidenza che un sistema di preferenze va inteso come sottoinsieme di $A \times A$; ma che è ben scomoda da usare. Allora useremo, come si fa di solito, una simbologia del tipo $a \succeq b$, a significare che preferisco a ad b, scrittura che è equivalente a $b \preceq a$, o altre simili. Se $a \succeq b$ ed anche $b \succeq a$, allora questo significa che l'alternativa a è indifferente rispetto all'alternativa b e questo si indica di solito con $a \sim b$.

A partire da un sistema di preferenze deboli è possibile costruire un sistema di preferenze strette:

Definizione 5 *Dati un insieme di alternative A e un sistema di preferenze $\succeq$ su A, si definisce il sistema di preferenze strette $\succ$ come:*

$$\forall a, b \in A \qquad a \succ b \text{ se } \quad (a \succeq b \text{ e non } b \succeq a).$$

La definizione formalizza il fatto che, se preferisco (in senso debole) a a b, ma non preferisco b ad a, allora preferisco *strettamente* a a b.

Tornando al nostro problema di determinazione della scelta collettiva a partire dalle scelte degli individui, supponiamo ora di avere un insieme N di individui ($N = \{1, 2, \ldots, n\}$), un insieme A di alternative e l'insieme $\mathcal{P}$ delle alternative su A. Il problema che Arrow vuole risolvere è, come detto, quello di costruire la scelta della collettività, a partire da quelle degli individui: nel nostro esempio, l'ordine temporale di lavori nel condominio, a partire da quelli dei propietari. È importante ricordare che questo va fatto senza sapere a priori quali potrebbero essere le preferenze dei proprietari, perché non interessa risolvere il singolo problema di casa mia, ma tutti i problemi di questo tipo. Conviene allora formalizzare l'idea di scelta collettiva a partire dalle scelte individuali, il che è quanto facciamo nella prossima definizione.

Definizione 6 *Dati un insieme A di alternative e un insieme N di n individui, una* regola di determinazione delle scelte collettive *è una funzione:*

$$F : \underbrace{\mathcal{P} \times \mathcal{P} \times \cdots \times \mathcal{P}}_{n \text{ volte}} \to \mathcal{P}.$$

---

provare a trovarla: uno studente piuttosto sveglio ce l'ha fatta Ecco uno dei tanti vantaggi che si hanno a insegnare...

Per semplificare un poco le notazioni, scriverò:

$$F((\succeq_i)_{i \in N}) \;\; = \;\; \succeq_N,$$

e scriverò anche:

$$\underbrace{\mathcal{P} \times \mathcal{P} \times \cdots \times \mathcal{P}}_{n \text{ volte}} = \mathcal{P}^n.$$

$(\succeq_i)_{i \in N}$ è chiamato un *profilo di preferenze*.

In altre parole, una regola di determinazione delle scelte collettive è una legge che, *a partire da un qualunque profilo di preferenze degli individui*[66], determina in maniera automatica il sistema di preferenze collettivo.

Ovviamente il problema interessante che si pone ora è di capire che tipo di proprietà potrebbe essere ragionevole richiedere alla regola di determinazione delle scelte collettive; ad esempio, non sono sicuro che la regola seguente sarebbe universalmente accettata: la regola di scelta sociale stabilisce che l'ordine di preferenze collettivo è sempre il *mio* ordine, cioè si fa sempre come voglio io. In simboli, se io fossi il giocatore due:

$$F(\succeq_1, \succeq_2, \ldots, \succeq_n) \;\; = \;\; \succeq_2 \, .$$

Questo a me potrebbe anche piacere, ma forse è un tantino egocentrico e soprattutto non ho grandi mezzi per farlo accettare agli altri...

Ma facciamo una pausa prima di chiederci che proprietà potrebbero essere rilevanti per la funzione F. Infatti, probabilmente qualcuno a questo punto si potrebbe porre la seguente domanda, molto molto ragionevole: come in ogni occasione che si rispetti, comprese le assemblee di condominio, non si può utilizzare la regola della maggioranza semplice? In altre parole, tra due alternative a, b l'amministratore non fa altro che osservare se la maggioranza preferisce a a b e quella è la scelta del condominio. Notare che possiamo ammettere anche i pareggi, visto che la relazione di preferenza ammette anche l'indifferenza[67]. Allora, consideriamo il seguente esempio:

---

[66] Un elemento di $\mathcal{P}^n$ è una ennupla $(\succeq_1, \ldots, \succeq_i, \ldots, \succeq_n)$ e $\succeq_i$ rappresenta il sistema di preferenze dell'i-esimo individuo.

[67] Questo, è bene dirlo subito, è un guaio abbastanza inevitabile e non solo in questo contesto: in certi problemi può succedere di essere

Esempio 11 L'insieme delle quattro alternative è $A = \{a, b, c, d\}$, i proprietari sono tre, chiamiamoli $N = \{1, 2, 3\}$ (con N indichiamo la collettività). Consideriamo questo profilo di preferenze strette $(\succ_i)_i$ (in questo caso i tizi sono molto decisi):

$$a \quad \succ_1 b \quad \succ_1 \quad c \succ_1 \quad d$$

$$b \quad \succ_2 c \quad \succ_2 \quad a \succ_2 \quad d$$

$$c \quad \succ_3 a \quad \succ_3 \quad b \succ_3 \quad d$$

Vi ricordo che se ad esempio a indica rifare la facciata, b mettere a norma l'impianto elettrico, c cambiare l'ascensore, d cambiare l'impianto termico, allora abbiamo supposto che il signor 1 preferisce (strettamente) che prima si rifaccia la facciata, poi si metta a norma l'impianto elettrico, dopo ancora si cambi l'ascensore e per ultimo si potrà finalmente adeguare l'impianto termico. Vediamo allora che cosa decide di fare l'amministratore: si vede immediatamente che d sarà l'ultimo lavoro ad essere messo in cantiere e inoltre:

$$a \succ_N b, \quad b \succ_N c, \quad c \succ_N a.$$

Infatti due persone preferiscono rifare la facciata prima di mettere a norma l'impianto elettrico, quindi prima facciata poi impianto elettrico; inoltre due preferiscono prima l'impianto elettrico poi l'ascensore ma, accidenti!, due preferiscono fare prima l'ascensore poi la facciata. E dunque prima la facciata, poi l'impianto elettrico, poi l'ascensore, poi la facciata, sembra quasi che l'amministratore sia ubriaco e invece la colpa non è sua, bensì della regola di maggioranza semplice. Un guaio terribile! La regola di maggioranza semplice è *contraddittoria*. E, a proposito, ora capiamo meglio l'importanza della proprietà transitiva, che abbiamo richiesto per

---

"indifferenti" riguardo a certe scelte: ad esempio le scelte che minimizzano la mia spesa al supermercato possono essere più d'una. A volte questo non causa troppi dilemmi logici, a volte, come qui, sì. È chiaro infatti che se dobbiamo stabilire un ordine sui lavori del condominio, la risposta che siamo indifferenti fra un paio di essi, non ci porta lontano. Ma non ammettere preferenze deboli di fatto impedisce una qualunque analisi del problema e dunque l'unica scappatoia possibile è quella di pensare che, in caso di alternative su cui si è indifferenti, si possano introdurre successivi criteri di scelta. Ma qui non affrontiamo tale problematica.

un sistema di preferenze, in quanto il violarla porta alle assurdità viste in questo esempio.

Forse c'è un modo per evitare i pasticci generati dalla legge della maggioranza semplice: potremmo mettere a confronto le alternative in successione a due a due, stabilendo un' "agenda" per i confronti fra le alternative. Ad esempio, potremmo decidere che mettiamo a confronto prima a e b, la perdente sarà l'ultima scelta, la vincente sarà messa contro c e, infine, la vincente contro d. Poiché a vince contro b, si ha allora che b esce dal gioco, diventando, in base a questa regola, l'alternativa meno preferita. Poi si scontrano a e c, a maggioranza vince c, poi c contro d e quindi, secondo questa regola, l'ordinamento collettivo associato al profilo di sopra è

$$c \succ_N d \succ_N a \succ_N b.$$

Non ci vuole molto a capire che questo sistema dà luogo effettivamente a una regola di scelte collettive. Sicuramente però ha un aspetto estremamente poco simpatico. Sempre nell'esempio precedente, proviamo a cambiare l'ordine in cui le alternative vengono confrontate: per esempio, facciamo scontrare prima b e c, poi la vincente contro a e d la teniamo per ultima. Poiché b vince a maggioranza contro c e a contro b, in questo caso il risultato è:

$$a \succ_N d \succ_N b \succ_N c.$$

In altre parole, il metodo risente dell'ordine in cui decidiamo di confrontare le alternative. Già di per sé questo appare abbastanza arbitrario, ma c'è un'altra cosa che rende il metodo estremamente poco raccomandabile: supponiamo che il primo giocatore conosca le preferenze degli altri e venga a sapere che l'agenda prevede prima lo scontro fra a e b. Scopre allora che la regola collettiva mette al primo posto c, cioè l'alternativa a lui più sgradita (a parte d). Potrebbe allora decidere di mentire sulle sue preferenze e dire che in realtà la sua classifica mette al primo posto b, poi a, poi c: in tal caso l'alternativa al primo posto nella regola collettiva sarebbe b e lui potrebbe essere più contento di prima. Insomma, la regola di prefissare l'ordine in cui confrontare a maggioranza le alternative a due a due può indurre gli individui a mentire sulle proprie preferenze e a litigare sull'"agenda" degli scontri.

C'è un altro metodo, che risulta naturale utilizzare in situazioni come queste e che il discorso precedente ha in parte introdotto:

può essere in qualche modo utile dare un *peso* all'ordine delle preferenze. Da un certo punto di vista, sapere che la società non mette al primo posto l'alternativa mia preferita è un'informazione, dire che mette al primo posto quella che io detesto di più, è un altra informazione. Si può allora decidere di "pesare" le preferenze. Vediamo un esempio:

Esempio 12

$$a \succ_1 b \succ_1 c \succ_1 d$$

$$d \succ_2 c \succ_2 b \succ_2 a$$

$$d \succ_3 c \succ_3 b \succ_3 a$$

Ora, per ogni giocatore, diamo un punteggio, a decrescere, alle alternative in gioco:

a	b	c	d
4	3	2	1
1	2	3	4
1	2	3	4

e sommando si ottiene

6	7	8	9,

che dà come risultato della scelta sociale:

$$d \succ_N c \succ_N b \succ_N a.$$

Non ci vuole molto a capire che siamo di fronte a un'effettiva regola di scelta sociale. Il fatto di dare dei punti alle alternative evita di creare i problemi delle disuguaglianze circolari creati dalla maggioranza semplice (questo dipende dal fatto che l'ordinamento $>$ sui naturali gode della proprietà di transitività). Tuttavia anche questo metodo non è esente da critiche. Supponiamo di apportare un piccolo cambiamento alle preferenze di sopra.

Esempio 13 (Esempio 12: continuazione) Supponiamo che il secondo e il terzo proprietario abbiano le stesse preferenze, ma che il primo scambi a con c, lasciando tutto il resto invariato; otteniamo allora il seguente profilo di preferenze:

$$c \quad \sqsupset_1 \quad b \quad \sqsupset_1 \quad a \quad \sqsupset_1 \quad d$$

$$d \quad \succ_2 \quad c \quad \succ_2 \quad b \quad \succ_2 \quad a$$

$$d \quad \succ_3 \quad c \quad \succ_3 \quad b \quad \succ_3 \quad a.$$

Il risultato allora cambia: l'alternativa c diventa, come è facile verificare, la preferita dalla società. La cosa che dà fastidio in questo caso è che d, l'alternativa vincente nel primo caso, non ha subito variazioni di classificazione da parte dei giocatori e, inoltre, nessuno dei giocatori ha variato le sue preferenze rispetto alle alternative c e d (il primo preferisce c a d in entrambi i profili, gli altri due hanno esattamente le stesse preferenze in entrambi i profili), eppure il risultato provoca un cambiamento nel *ranking* collettivo dell'alternativa d. Questo tra l'altro indica che, come nel caso della maggioranza semplice con agenda, un giocatore potrebbe essere indotto a mentire sulle sue preferenze. Infatti il primo, dichiarando questa nuova lista di preferenze, vedrebbe come nuova alternativa preferita dalla società c, che lui preferisce a d.

Si tratta allora di cercare di formalizzare il fatto che, dati due profili diversi, che indicheremo con $(\succeq_i)_i$ e $(\supseteq_i)_i$, se accade che nessun giocatore scambia l'ordine di preferenza fra due alternative a e b, allora nemmeno la regola di preferenza collettiva scambia l'ordine fra a e b. Le notazioni sono abbastanza pesanti, chi vuol provarci legga la definizione, chi non vuole prosegua, non perderà certo il filo del discorso.

Definizione 7 *La regola di scelta collettiva F si dice* indipendente dalle alternative irrilevanti *se, per ogni $a, b \in A$:*

$$[\forall i \quad (a \succeq_i b) \Leftrightarrow (a \supseteq_i b)] \implies ((a \succeq_N b) \Leftrightarrow (a \supseteq_N b)),$$

per ogni coppia di profili $(\succeq_i)_i$, $(\supseteq_i)_i$.

Nell'analisi precedente abbiamo cominciato, analizzando qualche esempio, a mettere in evidenza alcune proprietà che la regola di scelta collettiva F dovrebbe avere. La prima, che sia *ben definita* (in termini matematici questo significa che la legge abbia il codominio specificato), proprietà che la regola di maggioranza semplice non soddisfa. La seconda, che sia indipendente dalle alternative irrilevanti, proprietà che non è soddisfatta dalla regola di maggioranza pesata. Vediamo ora un paio di ulteriori proprietà che possiamo ritenere utili da considerare.

Definizione 8 *Si dice che la regola di scelta collettiva F soddisfa il requisito di unanimità se, per ogni profilo $(\succeq_i)_i$, si ha che:*

$$[\forall i \quad a \succeq_i b] \Longrightarrow (a \succeq_N b).$$

In altre parole, se in un dato profilo di preferenze accade che tutti preferiscono l'alternativa a all'alternativa b, allora la regola di scelta collettiva antepone a a b: è chiaro che se tutti siamo d'accordo su come classificare due alternative, la scelta "collettiva non stravolge l'ordine su cui tutti concordiamo! Una regola semplice e senza discussioni, mi pare. Ed ecco un'ultima proprietà rilevante.

Definizione 9 *Una regola di scelta collettiva viene detta dittatoriale se esiste un individuo j tale che*

$$F(\succeq_1, \ldots, \succeq_i, \ldots, \succeq_n) = \succeq_j,$$

per ogni $(\succeq_i)_i \in \mathcal{P}^n$.

Anche questa definizione è chiara. L'individuo j determina la scelta sociale: la società adotta il suo criterio di preferenze, qualunque esso sia.

Abbiamo in mano adesso tutti gli ingredienti per enunciare il teorema di Arrow.

Teorema 1 *Sia A un insieme di alternative, che ne contenga almeno tre. Sia N un insieme di n individui. Allora non esiste una regola di scelta sociale:*

$$F : \underbrace{\mathcal{P} \times \mathcal{P} \times \cdots \times \mathcal{P}}_{n \text{ volte}} \to \mathcal{P}$$

tale che:

- *soddisfi il requisito di unanimità;*
- *sia indipendente dalle alternative irrilevanti;*
- *sia non dittatoriale.*

Può ben darsi che qualcuno si sia perso. Non importa. Vediamo di commentare brevemente il risultato in modo discorsivo, come sempre mi interessa cercare di trasmettere l'idea, i fatti tecnici vengono dopo.

Il problema affrontato da Arrow è quello di trovare un modo "scientifico e obbiettivo" di determinare come, dalle singole preferenze, su un numero finito di alternative, di certi individui di una comunità, si possa stabilire un criterio di preferenza collettivo, che valga cioè per la comunità: un esempio potrebbe essere quello di un governo che decide un ordine di lavori, a partire dalle richieste dei cittadini.

Naturalmente, occorre dire che cosa significhi scientifico e obbiettivo in questo contesto. Arrow propone allora due proprietà che una tale regola dovrebbe soddisfare. Esse, in parole imprecise, sono le seguenti: se tutti i cittadini sono d'accordo di preferire l'alternativa a alla b, allora anche la società mette a davanti a b. Più complicata è l'altra proprietà, che sostanzialmente richiede che la società nel classificare due alternative a e b, non deve tenere conto di eventuali altre alternative. In altre parole, se le persone, consultate in momenti diversi, cambiassero le loro preferenze, ma mantenendo inalterata la mutua posizione di a e b, allora la società nei due casi ordina a e b allo stesso modo.

Ebbene, la conclusione di Arrow è che, se si vuole una regola che soddisfi le condizioni precedenti, allora l'unico modo è quello di far decidere sempre alla stessa persona, che così di fatto diventa un dittatore.

A prima vista, il teorema di Arrow può sembrare un risultato molto elegante, ma anche del tutto teorico e astratto. E in fondo, come tutti i risultati molto astratti, può anche essere sottoposto a critiche, non del tutto gratuite. Ad esempio, la legge di scelta sociale pretende di essere definita su *tutti* gli ordinamenti possibili. Questo può sembrare una richiesta eccessiva. Ricordiamo che l'affermazione " non esiste una funzione" dipende in maniera essenziale dal dominio della funzione stessa. Se ammettessimo un dominio un po' più piccolo il risultato potrebbe cambiare. Ed è chiaro che, tra tante alternative possibili, ce ne possono essere alcune il cui ordine è molto naturale. Parafrasando un comico di qualche tempo fa, preferire una moglie giovane, bella e ricca a una vecchia, brutta e povera è una cosa su cui tutti si potrebbe essere ragionevolmente d'accordo e allora perché considerare anche il sistema di preferenze in cui una moglie vecchia, brutta e povera è preferita a una giovane, bella e ricca?

Nonostante il risultato appaia così astratto, Arrow ha ricevuto il premio Nobel, per il suo teorema e nessuno ha avuto da ridire su questo.

Cito, ad esempio, le parole di un economista famoso, Paul Samuelson, anch'egli premio Nobel, che a proposito del teorema di Arrow dice: "La rilevanza pratica del teorema di Arrow è semplicemente fondamentale. Prima di Arrow, tutti pensavano che un sistema di voto democratico perfetto esistesse e che dovesse solo essere scoperto. Dopo averlo cercato invano, Arrow dimostrò invece che non poteva esistere".

Primo punto fondamentale; il teorema è stato interpretato come la conclusione del sogno e dell'ambizione di trovare un sistema democratico *perfetto*. Il teorema di Arrow ha avuto un impatto nelle scienze sociali paragonato con quello che ha avuto nella filosofia il teorema di incompletezza di Gödel. Anche questo ha segnato la fine di un progetto irrealizzabile che riguarda la nostra conoscenza, non solo la logica. Dunque, un ridimensionamento delle nostre ambizioni di conoscenza, di miglioramento, di perfezione. Ma anche una forte lezione di umiltà, che la scienza spesso ci dà e che per me è molto utile. Pensiamo alle ideologie, che cercano di spiegare tutto, di piegare tutto alla loro logica; la scienza ad esse si contrappone con questi teoremi, che ci invitano a non inseguire un mondo perfetto, ma provare a fare sempre passi in avanti, nella consapevolezza che tutto possa essere migliorato, ma che l'ottimo non è raggiungibile. Potrà sembrare un aspetto secondario, ma il teorema di Arrow, dopo una prima fase di disorientamento, ha innescato un enorme quantità di risultati collaterali di tanti suoi colleghi che, riallacciandosi al suo, ne hanno modificato qualche aspetto: insomma, è stato fonte e ispirazione di tanta ricerca futura. Certo, tutto questo può sembrare autoreferenziale, può sembrare la riconoscenza di coloro i quali hanno tratto idee ed impulso dal suo lavoro. Ma credo che una visione così cinica delle cose sia riduttiva: un risultato che ne origina tanti di nuovi, che non hanno lo stesso impatto sul grande pubblico, ma che interessano gli specialisti, sono pur sempre un grande progresso per la scienza. Ricorderemo questo discorso anche a proposito del modello di contrattazione di Nash.

Concludo questo paragrafo, ricordando un altro celebre risultato, che è fortemente collegato al teorema di Arrow e che, come il teorema di Arrow, ci dà un risultato negativo. Suona un po' meno sorprendente, ma solo perché Arrow ci ha già raccontato il suo risultato.

L'idea che sta alla base del risultato di Arrow è molto ambiziosa: da un sistema di preferenze individuale si vuol ricostruire un sistema di preferenze collettivo. Ci si potrebbe porre un obiettivo meno ambizioso. Pensando all'assemblea di condominio, è certamente difficile stabilire un ordine di tutti i lavori da fare, ma forse potrebbe essere un po' meno problematico decidere almeno che lavoro fare per primo. Ci si potrebbe allora chiedere: a partire dalle preferenze individuali, si può almeno determinare un'alternativa, che sarà quella prescelta, diciamo la prima classificata?

Vediamo un minimo di definizioni per cercare di capire il risultato. Siano dati un insieme N di n individui e un insieme A di $m \geq 3$ alternative. Chiameremo *funzione di scelta sociale* una funzione definita sull'insieme dei sistemi di preferenze su A che non contemplino l'indifferenza fra due alternative, e come output dà un'alternativa. Diremo poi che una tale funzione è *manipolabile*, se c'è almeno un individuo che in certe circostanze potrebbe essere indotto a modificare il suo profilo di preferenza per ottenere un risultato finale che meglio rispecchia le sue vere preferenze. Inoltre diremo che una tale funzione è *a sovranità popolare* se per ogni alternativa a in A, esiste un sistema di preferenze degli individui che forzano la funzione di scelta sociale a scegliere a.

Prima di enunciare il risultato, un breve commento sulle ipotesi. La sovranità popolare è proprietà facile da capire; la regola sociale dispone che qualora siano tutti d'accordo di mettere un alternativa come preferita, quella è la scelta della società, ha la proprietà della sovranità popolare. Una richiesta non restrittiva. La non manipolabilità invece è una proprietà più delicata, ma d'altra parte rappresenta un punto fermo per chi voglia studiare meccanismi efficienti ed equi in situazioni interattive: un aspetto che ogni giorno assume sempre più importanza nella teoria dei giochi. In altre parole, quando si studiano meccanismi per ottenere certi risultati, che dipendono da che cosa dichiarano gli agenti, assume importanza fondamentale che il risultato del meccanismo proposto dia garanzie che gli agenti non abbiano interesse a mentire. Un esempio forse spiega meglio di troppe parole. Recentemente ha assunto una grande importanza lo studio degli scambi di reni fra coppie di pazienti che hanno donatori incompatibili, ma che potrebbero scambiarsi i donatori. Il numero sempre crescente di reni, unito al fatto che i reni disponibili da cadaveri non sono sufficienti a coprire le esigenze, rende il problema di grande attualità. Ebbene, sono stati proposti algoritmi per facilitare il maggior numero di scambi possibili, ma allo stesso tempo è indispensabile rendersi conto se questi meccanismi non inducano per caso le persone a mentire. Questo significa, in essenza, una regola o un algoritmo non manipolabile.

Tornando al nostro problema, Gibbard-Satterthwaite nel 1973 hanno dimostrato il seguente risultato, espresso in termini imprecisi: Siano dati un insieme N di n individui e un insieme A di $m \geq 3$ alternative. Sia inoltre f una funzione di scelta sociale, con le proprietà di sovranità popolare e non manipolabilità. Allora f è dittatoriale.

Un raffinamento del teorema di impossibilità, apprezzato dagli specialisti, ma che non ha certamente avuto lo stesso impatto del primo risultato, perché ha avuto la strada spianata dalla grande idea di Arrow.

Il problema della contrattazione secondo Nash

Anche il modello di contrattazione di Nash ha, come il teorema di Arrow, un obiettivo ambizioso. Da che mondo è mondo le persone contrattano: lo fanno un venditore e un compratore, ma lo si fa in casa tra padre e figlio, lo si fa al lavoro, lo si fa praticamente sempre. Il problema che si pone Nash è quello di stabilire come due persone razionali possano affrontare in maniera automatizzata il problema della contrattazione. Con questo intendo che, una volta che siano note le preferenze delle persone, avendo un computer a disposizione per i calcoli, un problema di contrattazione si risolve semplicemente pigiando dei tasti. Per essere più chiaro, parto da un esempio. Supponiamo che due persone si trovino a doversi dividere una quantità di denaro, a condizione che si accordino sulla suddivisione: in caso contrario, non otterrebbero nulla. Basta un attimo di riflessione per capire che è un modello applicabile a molte situazioni differenti: il denaro è un simbolo molto potente per rappresentare tante altre cose[68].

La prima idea che potrebbe venirci in mente e cioè che i due si spartiscano il premio prendendone metà per uno, è davvero troppo ingenua. Infatti, non siamo tutti uguali, per cui ci può essere qualcuno per cui 1000 Euro rappresenta una grossa cifra e un altro che invece per 1000 euro nemmeno si alza dal letto. Pertanto dividere in parti uguali può essere estremamente soddisfacente per un individuo e deludente per un altro. Questo discorso assume maggior forza di convinzione ricordando che stiamo prendendo il denaro a simbolo di possibili cose diverse, per cui la divisione a metà perde il significato che ha parlando di quattrini. Quindi dobbiamo cercare di esprimere in qualche modo il fatto che persone diverse hanno gusti, sensazioni, percezioni diverse. Questo si può fare supponendo che i due individui abbiano una funzione di utilità sui possibili accordi della contrattazione. In altre parole, alla quantità x di denaro che mi viene offerto, associo una funzione di utilità, indicata con $u(x)$.

Ovviamente, non ha molto senso trovare di volta in volta la soluzione di un singolo problema; sviluppare un modello significa cercare, almeno in linea di principio, un metodo generale per risolverli tutti. Dobbiamo dunque, esattamente come nel caso del teorema di Arrow, cominciare a individuare che cosa sia, matematicamente, un problema di contrattazione. Poi si definisce l'insieme di tutti i possibili problemi di contrattazione e si chiama *soluzione del problema della contrattazione* una funzione che, a ogni problema di contrattazione, associa un esito possibile della contrattazione stessa.

Per precisare un attimo le cose, cercando di limitare al minimo i dettagli tecnici, un problema di contrattazione (C, x) è costituito dalla coppia formata da C, che è un sottoinsieme del piano, e da un punto del piano, che ho indicato con x. Come sappiamo, un punto del piano si identifica con una coppia di numeri reali, quindi un problema di contrattazione è un insieme di coppie di numeri reali, più un particolare punto del piano, qui denotato con x. Che cosa significa che, per fare un esempio, la coppia $(3, 2)$ appartiene

---

[68] Non c'è bisogno di essere psicologi per capire che litigi sul denaro, ad esempio nel caso di eredità o separazioni, sono inevitabili perché in realtà si sta litigando anche per stabilire una supremazia.

a C? Significa semplicemente che la distribuzione di utilità pari a 3 per il primo giocatore e 2 per il secondo, è possibile nel problema di contrattazione in esame. Invece x rappresenta una coppia in cui il primo elemento è l'utilità del primo giocatore, il secondo quella del secondo giocatore, nel caso *non* arrivino a un accordo. In genere, si può assumere $x = (0, 0)$, nel senso che in caso di disaccordo i due non hanno nessuna utilità da spartirsi. Bene, una soluzione è una funzione che a ogni problema di contrattazione della forma (C, x) associa un elemento di C. Questa è a sua volta una coppia, che rappresenta l'utilità ottenuta dai due giocatori che si sono accordati sulla spartizione del bottino. Si tratta ora di individuare un gruppo di proprietà che sembra ragionevole richiedere alla soluzione del problema. Diversamente dal paragrafo precedente, non voglio qui seguire tutti i dettagli matematici dell'approccio di Nash. Come lui stesso dice, si possono capire i discorsi anche senza addentrarsi troppo nelle formule. Ecco dunque che cosa propone Nash.

1. La soluzione in sostanza non cambia se noi esprimiamo lo stesso problema in due modi diversi ma equivalenti. Per esempio, se esprimiamo l'utilità in termini monetari, che usiamo euro o dollari è la stessa cosa (basta che la soluzione sia espressa nelle "valute" corrette) e quanto sia la dotazione iniziale dei giocatori all'inizio del problema è ininfluente[69])

2. Se i due giocatori hanno le stesse possibilità nel processo di contrattazione e la stessa utilità in caso di disaccordo, allora devono ottenere lo stesso risultato finale[70]

3. Supponiamo di avere un certo problema di contrattazione e di considerare poi uno che ha lo stesso punto di disaccordo, ma che regala ai giocatori delle opzioni in più. Se la soluzione di questo nuovo problema giace nel problema di partenza, cioè è una distribuzione di utilità ammissibile anche per quello iniziale, allora è soluzione anche di quello di partenza[71]

---

[69] Matematicamente, spostare l'origine degli assi o cambiare le unità di misura cambia, di conseguenza, (cioè *non cambia* in sostanza) la soluzione.

[70] Matematicamente: se l'insieme C è simmetrico rispetto alla bisettrice del primo/terzo quadrante e il punto di disaccordo sta sulla bisettrice stessa, allora ci deve stare anche la soluzione.

[71] Matematicamente: se (C, x) e (D, x) sono due problemi tali che $C \subset D$ e la soluzione di (D, x) appartiene anche a C, allora è anche

4. La soluzione di ogni problema deve essere *efficiente*, nel senso che non può essere accettabile una distribuzione di utilità tale che ne esista un'altra che procuri maggiore soddisfazione *ad entrambi*.

Vediamo, prima di enunciare il teorema di Nash, di spendere qualche parola sul significato dei requisiti precedenti. Non spendiamo parole sul primo: secondo certe interpretazioni della natura della funzione di utilità (questione delicata) è un' ipotesi del tutto accettabile. Ad esempio, come l'ho spiegata io, in termini monetari (interpretazione in effetti un po' forzata) è sicuramente incontestabile. Esprimere le cose in dollari o euro è la stessa cosa. Per il secondo, Nash stesso ne dà due interpretazioni, entrambi plausibili. Esso esprime l'idea che in ogni problema di contrattazione in cui le opportunità dei due agenti sono le stesse, allora anche il risultato deve essere lo stesso per entrambi. Questo si può leggere sia come un fatto di anonimità, nel senso che visto che il ruolo dei contendenti è lo stesso non sarebbe corretto assegnare a loro utilità diversa (ad esempio maggiore a uno perché simpatico, o bello) sia come pari abilità negoziale. Partendo, come sempre in questi contesti, da un ipotesi di (perfetta) razionalità, è chiaro che la pari abilità dei giocatori è una richiesta ovvia. La terza proprietà, che dico subito è quella che ha suscitato maggiori critiche da parte degli esperti, ha un nome che abbiamo già incontrato parlando del teorema di Arrow: si chiama indipendenza dalle alternative irrilevanti. Infatti, se rileggete la sua formulazione, le alternative che si trovano in D, ma non in C, risultano irrilevanti perché non spostano la soluzione[72]. Infine, l'ultimo requisito è pacifico: non

---

soluzione del problema (C, x).

[72] Un celebre esempio delle insidie della proprietà delle alternative irrilevanti è questa storiella raccontata da Aumann, premio Nobel per l'Economia grazie ai suoi contributi alla teoria dei giochi: un comitato di professori, tra cui Aumann, deve decidere la chiamata di un professore su un posto di prestigio. Ci sono tre candidati, diciamo A, B, C. Ad un certo punto, la maggioranza sembra convergere verso la scelta di A. Mentre discutono, vengono a sapere che C ha mandato una lettera di rinuncia. Al che Aumann dice che bisogna ricominciare la discussione. Uno degli altri, chiamiamolo X, gli ribatte che non ha senso, visto che hanno deciso di chiamare A. Al che Aumann gli rinfaccia la sua incoerenza, visto che è nota la posizione critica di X nei confronti della proprietà delle alternative irrilevanti: tra l'altro

ha senso consigliare un esito della contrattazione se ce n'è un altro che *entrambi* preferiscono.

Finalmente, posso enunciare il teorema, che non scrivo sotto forma di teorema proprio perché sono un po' impreciso sulle ipotesi. La conclusione di Nash è: esiste *una sola funzione* che soddisfa i requisiti precedenti[73].

Vorrei fare un commento su questo risultato, perché forse, a chi lo legge per la prima volta, la sua portata psicologica non è del tutto chiara. Nash sta dicendo che, ogni volta che due persone sono d'accordo con lui sulla ragionevolezza dei requisiti da lui richiesti alla soluzione del problema, allora *non c'è bisogno di contrattare*, perché il risultato della contrattazione è determinabile a priori (se proprio i calcoli sono complicati, ci si aiuta col computer, ma non c'è bisogno di discussioni). Esattamente come, volendo fare un paragone magari un po' forzato, una volta che hai studiato e risolto il problema di mandare una sonda su Marte, per mandare una sonda qualsiasi non ti rimane che immettere dentro al computer i dati, che ogni volta possono essere diversi (peso, condizioni meteo ecc) e il computer ti sputa quanto propellente devi mettere ecc. Cerco di far capire che tipo di idee mi fa venire in mente una conclusione simile. Intanto, l'aspetto psicologico, che a me piace sempre rimarcare. Quando Nash ha pubblicato questo risultato, aveva 22 anni. Era un bambino, anzi un neonato, nel mondo della ricerca. Eppure non ha paura di proporre alla comunità scientifica la (una?) soluzione di ogni problema di contrattazione..., ci vuole, secondo me, un'audacia intellettuale, senza la quale, del resto, non si diventa geni[74]. Audacia che poi è stata premiata, visto che il lavoro di Nash è considerato ancora oggi, a distanza di 50 anni (cioè a una distanza siderale, tenendo conto che questa disciplina è ancora molto giovane) il punto di partenza fondamentale di tutte le teorie che ne sono seguite.

---

un esempio che, quanto a concorsi, la prassi si assomiglia ovunque...

[73] Per trovare la distribuzione di utilità di un qualsiasi problema, bisogna individuare il punto di C che massimizza il prodotto delle utilità dei due agenti.

[74] Attenzione però, l'audacia è condizione *necessaria*, molto lontana dall'essere sufficiente. Conosco un mucchio di gente audace, che non ha un briciolo di talento.

Naturalmente, ci si può mettere a discutere su quanto sono ragionevoli le richieste di Nash sulla soluzione. Ed infatti fra gli esperti c'è stato un certo dibattito, ne davo un accenno precedentemente. Ma queste sono cose da specialisti, le questioni più rilevanti sono altre. Vediamo qualche critica che può essere portata al suo modello, intendendo naturalmente critica come osservazione, il termine non vuole certo essere negativo nei confronti dell'autore, che del resto era, secondo me, più conscio della limitatezza del suo modello di quelli che poi, per un certo periodo, l'hanno analizzato.

La prima osservazione è molto naturale. Nel momento in cui devo contrattare con un altro, a me interessa relativamente poco *l'universo* di tutti i problemi di contrattazione possibili. Ora il punto essenziale del risultato di Nash sta proprio nel fatto che la soluzione da lui proposta è *unica*. Ma l'unicità si ottiene dal fatto che, richiedendo che una certa funzione soddisfi certe proprietà su un insieme molto grande di enti matematici, ovviamente impongo tante condizioni, che appunto portano all'unicità. Se io mi confronto con un singolo problema, o più ragionevolmente una classe limitata di problemi, simili al mio, allora l'unicità viene di solito a cadere, è possibile magari richiedere ancora più proprietà, che potrebbero portare a una soluzione più ragionevole nella classe ristretta dei problemi simili al mio. Ad esempio, nella suddivisione di una quantità di denaro fra un ricco e un povero[75], la soluzione di Nash assegna più denaro alla persona ricca. Ora, se io mi trovassi in una situazione simile e fossi il povero, potrei dire che a me di massimizzare il prodotto delle utilità sembra un'idea poco furba, perché potrei proporre dei criteri, validi magari in situazioni più limitate, ma lo stesso ragionevoli e che mi darebbero una distribuzione più equa di denaro.

Tuttavia, non è affatto questo il punto di maggior limitatezza del modello di Nash. L'aspetto più evidente dei suoi limiti è che si dà per scontato che le funzioni di utilità siano cose note! In effetti, quello che rende interessante la contrattazione è proprio il fatto di avere incertezze sulle preferenze dell'altro agente. Persino nel caso della suddivisione di un bene appetibile, abbiamo osservato

---

prima che la soluzione di Nash tende a dare più al ricco che al
povero. Nel momento in cui mi trovassi a contrattare con qualcuno
in una situazione simile, soprattutto se l'altro non conoscesse il
modello, potrei fingermi ricchissimo, spiegargli che Nash propone
questa soluzione... A parte gli scherzi, è chiaro che un modello
più aderente alla realtà non potrebbe fare a meno di considerare
quest'aspetto. Ad esempio, un approccio interessante al problema,
che ho letto una volta, inventava un gioco in cui la strategia dei
due agenti era dichiarare la propria utilità, il risultato assegnato
alle dichiarazioni era di prendere una soluzione alla Nash della
contrattazione e poi fare sì che l'equilibrio del gioco fosse dire la
verità.

Concludo con le parole di Nash, nel lavoro sulla contrattazione: *idealizziamo il problema della contrattazione supponendo che
i due partecipanti siano altamente razionali, che ciascuno di loro
possa valutare accuratamente i propri desiderata nei confronti di
varie opzioni, che posseggano lo stesso livello di capacità di contrattazione e che ciascuno di loro sia a piena conoscenza dei gusti
e delle preferenze dell'altro.*
*Al fine di fornire un modello teorico delle situazioni di contrat-
tazione ci astraiamo dalle situazione reale per arrivare ad un
modello matematico che ci permetta di sviluppare la nostra teoria.*

L'indice di Shapley

Vediamo ora un risultato che fa parte della teoria classica dei giochi, come quello della contrattazione di Nash, ma che si colloca in
un ambito un po' differente e cioè quello dei giochi cooperativi.
Voglio cercare di eliminare subito un possibile equivoco: i giochi
cooperativi si contrappongono a quelli non cooperativi non perché
si occupano di giocatori improvvisamente diventati buoni e altrui-
sti. L'ipotesi di egoismo di fondo rimane. Però, nel caso di giochi
cooperativi, l'idea è che in qualche modo gli accordi siano *vincolanti*. Che cosa li renda tali, non è questione che riguarda la teoria.
Dunque, come si matematizza la situazione di un gioco cooperativo? L'idea è la seguente: si considera un insieme, che indichiamo
con N, che rappresenta l'insieme dei giocatori. Un generico sottoinsieme di N, chiamiamolo A, rappresenta una *coalizione* fra

giocatori. Indichiamo anche con 2^N la famiglia di tutte le coalizioni di giocatori[76].

Un gioco cooperativo[77] allora è definito semplicemente come una funzione

$$v : 2^N \to \mathbb{R},$$

tale che $v(\emptyset) = 0$.

Che cosa significa, ad esempio, la condizione $v(A) = 1$? Significa che i giocatori che formano la coalizione A, mettendosi assieme, sono in grado di ottenere un'utilità pari a 1 per la coalizione stessa. Questa quantità, poi, si assume sia liberamente divisibile in ogni modo possibile all'interno della coalizione stessa[78]. Ma per capirci meglio facciamo un esempio.

Ci sono tre giocatori, uno che possiede un oggetto prezioso ed è disposto a venderlo e due interessati all'oggetto stesso. Assumiamo che il giocatore uno, il venditore, valuti l'oggetto a. I giocatori 2 e 3 lo valutano rispettivamente b e c. Possiamo assumere che $b \leq c$ e che $a < b$ (l'ipotesi che $b \leq c$ non è in alcun modo restrittiva, mentre assumere che $a < b$ rende il gioco a tre giocatori effettivi: se fosse, ad esempio $b < a < c$ il secondo giocatore in pratica è come se non esistesse perché non è disposto a pagare quanto il bene è valutato da chi lo vende. La contrattazione sarebbe dunque a due e non a tre).

Vediamo di costruire il gioco cooperativo associato:

$$v(1) = a, \qquad v(2) = 0 \qquad v(3) = 0,$$

$$v(\{1,2\} = b, \qquad v(\{1,3\}) = c, \qquad v(\{2,3\}) = 0,$$

$$v(\{1,2,3\}) = c.$$

Cerchiamo di capire: $v(1) = a$ perché il giocatore 1 ha il bene e lo valuta a, quindi lo può vendere per un valore (non minore di) a. $v(\{1,2\}) = b$ perché la coalizione $\{1,2\}$ possiede il bene e lo

---

[76] Notazione naturale, visto che rappresenta l'insieme di tutti i sottoinsiemi di N.

[77] Precisamente, questa è la definizione di gioco cooperativo a *pagamenti laterali*. Poiché sono gli unici giochi di cui parlerò, li chiamo così e basta.

[78] Questo giustifica il fatto che si chiamino *a pagamenti laterali*.

valuta b (non lo venderebbe a meno di b). Gli altri valori di v si ricavano in modo simile.

Ma che cos'è la soluzione di un gioco cooperativo? Semplicemente, un assegnazione di utilità a ciascun giocatore. Così, se $N = \{1, \dots\}$ è l'insieme dei giocatori, una soluzione sarà in generale un vettore $(x_1, \dots, x_n)$ e x_i è quanto assegnato al giocatore i.

Osserviamo intanto la grande differenza che c'è con i giochi non cooperativi, dove una soluzione è la specificazione di una strategia (una per ogni giocatore) *nonché* il valore associato, ad ogni giocatore, dalla scelta di quell'insieme di strategie. In altre parole, la soluzione del gioco cooperativo propone una distribuzione di utilità fra i giocatori, senza specificare però quali siano le "mosse" dei giocatori per ottenere quel valore[79].

Naturalmente, una suddivisione $(x_1, \dots, x_n)$ degli utili fra i giocatori deve obbedire ad alcuni vincoli naturali. Il primo, ovviamente, è che $\sum x_i \leq v(N)$, il che equivale a dire che la somma delle utilità non deve eccedere rispetto a quanto è a disposizione della comunità e cioè l'utilità globale della società[80]. Ma una buona idea è quella di supporre anche $\sum x_i \geq v(N)$ e, cioè, che tutto il "bottino" disponibile sia distribuito. E' opportuno osservare che questa era un'ipotesi fuori luogo nei giochi non cooperativi: la razionalità individuale può provocare uno spreco di risorse disponibili, come ci ha mostrato il dilemma del prigioniero, ma qui siamo in un contesto cooperativo, dove l'idea guida è che tutti alla fine concordino con accordi presi e vincolanti, per cui sarebbe insensato accordarsi per distribuire *meno* delle risorse disponibili.

È opportuno, e molto naturale, imporre anche un'altra condizione e cioè $x_i \geq v(i)$, per ogni i, che significa che ad ogni giocatore viene assegnato *almeno* quanto sarebbe in grado di procurarsi da solo. È evidente, infatti, che se gli si desse meno, quello se ne an-

---

[79] Uno dei motivi per cui in economia i giochi cooperativi sono meno popolari dei non cooperativi: è chiaro che all'economista interessa non solo quale sia l'utilità ottenibile da un agente, ma anche quel che deve fare per ottenerla.

[80] Sto assumendo, cosa che si può fare, che i giocatori, alleandosi tutti assieme nella cosiddetta *grande coalizione*, possano fare meglio che facendo sottocoalizioni o facendo ognuno per sé.

drebbe e i giocatori non sarebbero più gli n iniziali: insomma si potrebbe considerare un gioco con meno giocatori.

Tuttavia, queste due sole condizioni, che si chiamano di *efficienza individuale e collettiva*, da sole non bastano a individuare una soluzione, o un insieme "piccolo" e ragionevole di distribuzioni possibili. E qui arriva il difficile, perché trovare altre condizioni, in genere, o rende il problema troppo complicato, oppure non riduce significativamente il numero delle uscite possibili. Ad esempio, un concetto di soluzione, che qui non sto a spiegare, ma che viene comunemente usato e che si chiama *nucleo* del gioco, nel caso dei due venditori e del compratore raccontato precedentemente conclude che il bene sarà venduto a chi lo valuta di più e a un qualunque prezzo intermedio fra la valutazione b del secondo e c del terzo. Ora, per capire questo bastava un ragionamento puramente qualitativo: il bene viene venduto, visto che chi lo possiede lo valuta meno di chi lo vuol comperare; viene comperato da chi lo valuta di più, a un prezzo maggiore della valutazione del primo potenziale compratore (a meno lo comprerebbe lui!) e non maggiore di quanto lo valuti il compratore effettivo. Vorremmo qualcosa di più!

Inoltre, i giochi cooperativi sono un modello per un'infinità di situazioni veramente differenti fra loro, per cui un singolo concetto di soluzione può magari essere convincente in un contesto, molto meno in altri. Per cui l'esigenza di avere un certo numero di concetti di soluzione diversi sembra inevitabile. Non solo, spesso la loro definizione non è del tutto ovvia, per cui è necessario qualche strumento matematico che chiarisca e giustifichi il perché vengano presi in considerazione certi concetti.

Uno dei più celebri concetti legati ai giochi cooperativi è quello di *valore Shapley*. Introdotto nei primi anni cinquanta, ha una proprietà molto importante: associa a ogni gioco *un unico* vettore soluzione, dando quindi una soluzione univoca al gioco stesso. Inoltre, ha un'altra importante caratteristica: non solo è possibile interpretarlo come una distribuzione di utilità in un gioco cooperativo, ma anche può rappresentare un *indice di potere* dei giocatori all'interno del gioco stesso. Che significa questo? Pensiamo alla situazione seguente: in una società per azioni, c'è un grosso azionista che possiede il 35% circa delle azioni e poi circa 2000 piccoli azionisti che si dividono il resto, ma supponiamo che nessuno abbia più del 5 per mille. Se ci chiedessimo che tipo di forza ha il grosso azionista nella società, credo che nessuno nemmeno proverebbe a dire che conta per poco più di un terzo. Valutare la forza dell'azionista non può essere fatto semplicemente osservando che percentuale di azioni possiede. Se in un'altra società possedesse sempre il 35% delle azioni, ma il 65% fosse in mano a un solo azionista, credo valuteremmo la sua forza molto diversamente nella prima e nella seconda società. Certo, quantificare queste cose non è semplice. Shapley ci viene in aiuto.

Possiamo finalmente introdurre il concetto di valore Shapley, cercando di utilizzare meno matematica possibile; poi vediamo che cosa implica in certi esempi molto semplici. Dopo commenterò più diffusamente le analogie con gli altri modelli considerati in questo capitolo, ma chi legge dovrebbe incominciare a vederle da sé.

Partiamo allora dal considerare l'insieme G di tutti i giochi cooperativi ad n giocatori e chiamiamo *soluzione cooperativa* ogni funzione $\phi : G \to \mathbb{R}^n$. Che proprietà è lecito aspettarsi dalla funzione ϕ? Ecco le proposte di Shapley, con l'avvertenza che chi non è troppo abituato ai simboli matematici può tranquillamente saltare la prossima lista e leggersi semplicemente il commento successivo:

1. Per ogni $v \in G$, $\sum_{i \in N} \phi_i(v) = v(N)$
2. Sia v un gioco con la proprietà seguente: dati due giocatori i, j, per ogni A che non contiene i, j, $v(A \cup \{i\}) = v(A \cup \{j\})$. Allora $\phi_i(v) = \phi_j(v)$
3. Siano $v \in G$ e $i \in N$ tali che $v(A) = v(A \cup \{i\})$ per ogni A. Allora $\phi_i(v) = 0$;
4. per ogni $v, w \in G$, $\phi(v + w) = \phi(v) + \phi(w)$.

La prima richiesta è già stata commentata e non ha bisogno di ulteriori parole, è un requisito di efficienza. La seconda significa che se in un gioco due giocatori portano lo stesso identico contributo, allora devono ottenere la stessa utilità. Espressa in modo un po' diverso, se vi ricordate, questa proprietà è già richiesta nel modello di contrattazione di Nash, come del resto quella di efficienza. La terza stabilisce che un giocatore che, aggiungendosi a una qualsiasi coalizione, non porta alcun vantaggio alla coalizione stessa, non deve ricevere nessuna utilità. La quarta richiesta è di carattere più matematico, è la più difficile da spiegare e soprattutto da giustificare, in particolare implica che se, dato un gioco, mi diverto per esempio a raddoppiare le utilità di tutte le coalizioni per avere un altro gioco, allora nel nuovo i giocatori otterranno tutti il doppio. Però in realtà implica parecchio di più e quindi non insisto su questo punto.

Il teorema di Shapley, analogamente a quello di Nash per la contrattazione, non solo afferma che esiste *un unica* funzione con quelle proprietà, ma ce ne dà anche una formula esplicita. Chiamata $S : G \to \mathbb{R}^n$ in suo onore la funzione:

$$S_i(v) = \sum_{i \in A \subset N} \frac{(a-1)!(n-a)!}{n!}[v(A) - v(A \setminus \{i\})],$$

S è la sola funzione che soddisfa la precedente lista di proprietà[81].

La formula può sembrare abbastanza complicata, ma con un piccolo sforzo si può capire: basta osservare che sommiamo tutti i termini della forma $[v(A) - v(A \setminus \{i\})]$, pesati con opportuni coefficienti, questi sì piuttosto brutti da vedere. Ora se pensiamo che $v(A)$ è quanto la coalizione A è in grado di garantirsi, la differenza dei termini precedenti assume il significato del contributo che il giocatore i porta alla coalizione A: se i giocatori senza di me possono garantirsi 3 e con me 4, il mio contributo (detto *marginale*) alla coalizione è senza dubbio 1. Dunque il valore Shapley calcola i valori marginali che ogni giocatore porta alle varie coalizioni e li media con un certo coefficiente. Il quale ha una sua attraente interpretazione probabilistica, che descrivo in poche righe e che si può saltare senza perdere il senso del discorso: supponiamo che i giocatori, per prendere accordi, decidano di incontrarsi tutti in un certo posto alla stessa ora. Ovviamente non arriveranno contemporaneamente, ma in un certo ordine, che supponiamo equiprobabile. Supponiamo anche che i giocatori decidano di allearsi con chi è già presente e non con gli altri[82]. Ebbene il termine

---

81 Il simbolo "!" dopo un numero naturale n si legge "fattoriale" ed è il prodotto di n e di tutti i numeri più piccoli di n fino a 1; $n! = n \cdot (n-1) \cdot (n-2) \cdots 2 \cdot 1$.

82 Ipotesi molto ragionevole in tanti contesti. Non è difficile immaginare situazioni in cui i giocatori siano tanti, io non li conosca tutti e mi allei con chi "trovo".

$$\frac{(a-1)!(n-a)!}{n!}$$

rappresenta proprio la probabilità che il giocatore i quando arriva trovi esattamente gli altri componenti di A e solo quelli, dunque la probabiltà che tale coalizione si formi.

Vediamo ora un paio di esempi interessanti; prima però osservo che nel problema precedente dei due compratori e del venditore, applicare il valore Shapley porterebbe a un risultato davvero poco significativo, segno appunto che certi soluzioni funzionano in alcuni ambiti, in altri molto meno.

In una società per azioni ci sono 5 soci con, rispettivamente, il 10, 20, 30 e 40 per cento delle azioni. Poi c'è uno scambio di azioni e chi ha il 40% ne vende l'uno per cento ha chi ha il 20%. Vediamo l'indice di Shapley nei due casi, con la solita avvertenza che chi vuole si legge solo i commenti.

Intanto, osserviamo che questo è un gioco di maggioranza, in cui è conveniente assegnare valore 1 ad ogni coalizione che ha più del 50% dei voti e 0 altrimenti. Calcoliamo l'indice del primo. Risulta decisivo in una coalizione solo se si aggiunge a $\{2,3\}$. Allora l'unico caso in cui il termine $[v(A) - v(A \setminus \{i\})]$ non è nullo è quando do $A = \{1,2,3\}$. Il coefficiente moltiplicativo $\frac{(a-1)!(n-a)!}{n!}$ diventa $\frac{(2)!(1)!}{4!} = \frac{1}{12}$. Calcoliamo ora il valore del quarto. Risulta decisivo se entra nelle coalizioni di un solo giocatore, $\{2\}$ e $\{3\}$ e di due giocatori: $\{1,2\}$, $\{1,3\}$ e $\{2,3\}$. In conclusione il suo valore è $5 \cdot \frac{1}{12}$. Non serve calcolare il valore degli altri due: basta osservare che hanno lo stesso potere (verificano la condizione descritta nella seconda proprietà richiesta) e, quindi, devono avere lo stesso valore. D'altra parte la somma dei valori deve essere 1, quindi il gioco è fatto. Mettendo tutto assieme, si ottiene $(\frac{1}{12}, \frac{3}{12}, \frac{3}{12}, \frac{5}{12})$. Forse può lasciare freddi lo scoprire che Shapley associa al quarto giocatore un potere 5 volte superiore rispetto al primo: come azioni ne ha 4 volte tante, visto che i numeri in questo caso non possono avere significato assoluto ma solo indicativo, 4 o 5 non fa granché differenza...

Non è proprio così. Per convincersene, basta osservare quanto viene il valore Shapley nel caso del piccolo scambio azionario proposto. Esso diventa $(0, \frac{1}{3}, \frac{1}{3}, \frac{1}{3})$. Non ci vogliono calcoli per capirlo, solo osservare che il primo giocatore non è mai decisivo quando entra in una coalizione e che gli altri diventano vincenti nello stesso numero di coalizioni, quindi sono simmetrici. Che significato dare a tutto questo? Chiunque si occupi di scambi di azioni, vi direbbe che il famoso 1% scambiato nelle condizioni sopra *non* avverrebbe a prezzi normali, perché è chiaro che cambia gli equilibri in gioco. Ora, se è vero che i numeri attaccati da Shapley sono tutto sommato un po' arbitrari, è altrettanto vero che un indicatore *numerico* che metta in evidenza questi fenomeni di cui si capisce bene la dimensione qualitativa, è molto utile.

Vediamo un altro esempio, che mostra come l'indice di Shapley sia utilizzato anche per fini molto pratici.

Quest'esempio tratta del consiglio di sicurezza dell'ONU. Sia $N = \{1, \ldots, 15\}$ l'insieme dei membri del consiglio. I membri permanenti sono $1, \ldots, 5$ e hanno diritto di veto. Una mozione viene accettata se ottiene almeno 9 voti, cinque dei quali devono essere dei membri permanenti. Non faccio qui i ragionamenti che portano al risultato. Faccio solo osservare che se volessimo fare i conti utilizzando brutalmente la formula, non potremmo proprio. Il motivo è semplice. Con 15 giocatori ci sono 2^{15} coalizioni, il che è un numero piuttosto grande, anche per un computer. Usando invece il cervello e cioè sfruttando le proprietà del valore Shapley, il conto non è difficile e dà il risultato seguente: il potere di un membro non permanente risulta $0,001865$, mentre dei singoli membri permanenti è di $0,1963$. Osservate: cento volte tanto. Ripeto, un numero solo indicativo, ma interessante.

Concludo facendo la seguente osservazione: l'indice di Shapley, come abbiamo visto, si rivela uno strumento utilissimo per avere un risultato quantitativo sui rapporti di forza dei giocatori in molte situazioni. Naturalmente, è importante rendersi conto che il risultato fornito da tale indice va preso correttamente e, cioè, come un indicatore approssimato di una situazione che è sostanzialmente impossibile stabilire con esattezza. Per essere meno confuso, vi dirò allora che l'indice appena visto *non è* l'unico indice di potere utilizzato. Per studiare i sistemi elettorali, dove è da lungo tempo ben noto a tutti[83] che non esiste *il* sistema corretto, a parte quello

---

[83] Beh, non proprio a tutti. È chiaro che parecchi uomini politici italiani, proprio per loro formazione e deformazione anti-scientifica, queste cose nemmeno le immaginano.

"one man, one vote", che però è poco praticabile, è stato utilizzato anche un altro celebre indice, indice di Banzhaf[84], che dà risultati differenti da quello di Shapley[85]. Questo, naturalmente non significa che uno dei due è giusto e l'altro sbagliato. Significa semplicemente che queste questioni *sfuggono necessariamente* a una descrizione precisa quale è possibile in altre scienze. E non uso la parola verità, perché credo che la verità non esista in nessuna scienza e che il rendersi conto e accettare questo sarebbe un gigantesco passo avanti nella storia dei rapporti fra umani, perché le più grandi tragedie avvengono sempre a causa di chi crede di avere in mano la verità.

Conclusioni

In questo capitolo abbiamo cercato di descrivere tre interessanti risultati nell'ambito delle teorie delle Scienze Sociali. Come abbiamo già osservato, sono tre risultati apparsi all'incirca negli stessi anni, probabilmente ideati in maniera del tutto indipendente, ma in qualche modo connessi, sia per le loro similitudini sia per le loro significative differenze. I risultati di Arrow e di Nash, riguardanti, il primo, come arrangiare le preferenze su varie opzioni della comunità a partire dalle preferenze individuali dei singoli membri della comunità stessa, il secondo, invece, come determinare l'esito di una contrattazione fra due agenti, sono altamente teorici. Si basano infatti su ipotesi "ideali", che in pratica ne "limitano" l'uso a un aspetto puramente speculativo. Non voglio certo, con queste parole, sminuire i due risultati, che hanno invece un'importanza enorme. Quel che voglio sottolineare in realtà è che hanno indicato una strada, hanno suggerito modi di pensare diversi, hanno in qualche modo condizionato la storia delle loro discipline, in definitiva hanno avuto un impatto veramente importante, pur senza

---

[84] Un avvocato (!) americano, che ha sviluppato tale indice per dimostrare che la ripartizione dei voti fra i vari distretti, nel consiglio della contea di Nassau, vicino a New York, era ingiusto. La questione sollevata da Banzhaf e altre simili, sono più volte prese in considerazione e oggetto di sentenze da parte della Corte Suprema.

[85] Ad esempio, per il consiglio di sicurezza, l'indice di Banzhaf assegna $0,167$ ai membri permanenti e $0,0165$ ad ogni membro non permanente. La differenza qualitative rispetto a Shapley è non poca.

avere nessun tipo di applicazione pratica: nessuno si mette a contrattare facendo quel che propone Nash. La loro differenza invece sta, a mio parere, nel fatto che Nash in qualche modo ci dice che in un mondo idealizzato esiste una maniera (unica, è importante!) ottimale per trattare il problema della contrattazione, che quindi più problema non è. Il risultato di Arrow, invece, per me ha una valenza un po' più pessimistica, se vogliamo. Sostanzialmente asserisce che non esiste un modo "equo" per gestire il problema delle scelte sociali, non esiste almeno nei mondi possibili, all'interno del nostro ragionare logico. Io personalmente sono convinto, ma credo di essere molto minoritario in questo modo di pensare, che un risultato simile sia molto utile per il nostro modo di pensare. È degli umani, ed è bellissimo, avere una sorta di orgoglio intellettuale, che però pecca quando ci porta a pensare ad un mondo perfetto, ad un mondo sotto la cappa di una verità rivelata. Ho già avuto varie volte modo di esprimere la mia opinione sul fatto che, se esiste una realtà profonda, immutabile e vera, allora ci è sostanzialmente inconoscibile e che l'unica cosa che abbiamo è un cervello per tentare di spiegare, in modo parziale, certe cose, con la convinzione che le nostre credenze e le nostre teorie saranno destinate ad essere superate nel tempo. Da una parte l'orgoglio di dichiarare che non abbiamo bisogno di una verità rivelata, dall'altra l'umiltà di riconoscere che quel che è giusto per uno può non essere soddisfacente per un altro. Inducendo, invece che toni da guerra di religione, un rispetto globale per le opinioni degli altri.

Poi c'è il teorema di Shapley, che invece, sia pur partendo da un modello matematico abbastanza astratto, quello di gioco cooperativo, ottiene non solo un teorema che gli scienziati reputano un bel risultato, ma offre anche uno strumento molto pratico per indagini scientifiche di un certo tipo. Siamo all'interno delle scienze sociali, per cui difficilmente un risultato ha la forza persuasiva, la seduzione sempre forte di qualcosa che sembra funzionare con precisione straordinaria[86]. Però è un utile strumento di inda-

---

[86] Un esempio che mi ha colpito. Ho registrato delle lezioni e il numero di errori che, risentendomi, mi sono accorto di fare, è impressionante. Riregistrare in molti casi sarebbe stato un problema, per cui un bravo tecnico del suono a volte evitava il ritorno in sala registrazione, facendo correzioni al computer. Ad esempio, nella frase "la mia caso", andava a prendere la "a" di "la" e la sovrapponeva perfettamente

gine, a condizione, ovviamente, di usare i risultati con un certo scetticismo, senza cieche credenze.

---

alla "o", facendomi dire correttamente "la mia casa". Ammetto, sono stato un po' geloso dell'efficienza dei fisici, anche sapendo che senza la matematica non vanno da nessuna parte.

Printed in the United States
By Bookmasters